完全掌握

PowerPoint
2016 演示专家

尼春雨 等编著

机械工业出版社
China Machine Press

图书在版编目（CIP）数据

完全掌握PowerPoint 2016演示专家 / 尼春雨等编著. — 北京：机械工业出版社，2016.11

ISBN 978-7-111-55291-8

I. ①完… II. ①尼… III. ①图形软件 IV.①TP391.412

中国版本图书馆CIP数据核字（2016）第262537号

本书以PowerPoint 2016为写作版本，共分为13章，从零开始对软件进行系统的讲解，结构安排合理，语言通俗易懂，步骤讲解细致。本书主要内容包括从零开始认识PowerPoint、在幻灯片中使用文本、表格与图表的应用、在幻灯片中使用图形对象、在幻灯片中添加多媒体、动画设计与交互功能、制作母版与版式、幻灯片的放映与打包、如何设计出优秀的PPT等，并通过大量的实战案例进行融会贯通。

本书针对零基础的PPT爱好者编写，可以作为各类院校相关课程的教材，同时对有一定基础想提升能力的读者也是一本非常难得的学习手册。

完全掌握PowerPoint 2016演示专家

出版发行：机械工业出版社（北京市西城区百万庄大街22号　邮政编码：100037）

责任编辑：夏非彼　迟振春

印　　刷：中国电影出版社印刷厂　　　　　　版　　次：2017年1月第1版第1次印刷
开　　本：188mm×260mm　1/16　　　　　印　　张：17.5
书　　号：ISBN 978-7-111-55291-8　　　　定　　价：69.00元

凡购本书，如有缺页、倒页、脱页，由本社发行部调换
客服热线：（010）88379426　88361066　　　　投稿热线：（010）88379604
购书热线：（010）68326294　88379649　68995259　　读者信箱：hzit@hzbook.com

前　言

PowerPoint是著名的办公软件Microsoft Office中重要的一员，主要用于演示文稿的制作，被广泛应用于企业形象宣传、产品推广、个性展示、员工培训、教育教学等众多领域，是办公人员不可或缺的应用软件之一，有着十分广泛的用户群体。为了能够让广大办公人员更加系统地掌握并利用好该软件，我们精心策划、编写了本书。

本书以目前最新的PowerPoint 2016为写作版本，它有着强大的文字处理功能、图形图像编辑功能、图表设计以及动画设计等功能，是目前最优秀的PPT设计软件。

全书共分为13章，从零开始对软件进行系统的讲解，结构安排合理，语言通俗易懂，步骤讲解细致。主要章节分布如下：

第1章 从零开始认识PPT，主要讲解了PowerPoint的应用领域、工作界面、演示文稿的基本操作、幻灯片的基本操作等内容，并通过一个简单的实例介绍了PPT文稿的制作过程。

第2章 在幻灯片中使用文本，主要讲解了文本的输入与编辑、段落的设置、项目符号与编号的使用等内容。

第3章 表格与图表的应用，主要讲述了表格与图表的应用方法与技巧，并通过3个实例讲解了另类图表的制作与美化方法，让读者可以进一步领略图表的魅力。

第4章 在幻灯片中使用图形对象，主要介绍了图像、文本框、形状以及SmartArt图形的使用等内容。

第5章 在幻灯片中添加多媒体，主要讲解了如何在幻灯片中添加视频、声音以及动画等多媒体文件，并对这些文件进行相应的编辑加工，让PPT有声有色。

第6章 让你的PPT动起来，主要介绍了动画设计与交互功能，如动画的添加、链接的插入、切换方式的设置、动作的设置等内容。

第7章 制作母版与版式，主要讲解了母版的创建与应用，让读者快速制作风格统一的幻灯片。

第8章 幻灯片放映与打包发布，主要介绍了幻灯片的放映与发布的操作方法。

第9章 如何设计出优秀的PPT，从色彩、布局、构图、版式设计以及关键页面的设计等方面进行了细致的分析与讲解。

第10~13章 利用4个综合实例对PPT制作的各项技术进行介绍，能够拓展读者的思维，让读者掌握PPT设计精髓。

本书针对零基础的PPT爱好者进行编写，对有一定操作基础的人员同样是一本不可多得的进阶手册。如果您没有什么基础，建议逐个章节进行学习；如果您已经有了一定的操作基础，那么本书中的各类技巧、设计理念同样会给您带来意外的惊喜。

本书主要由尼春雨编写，卞诚君、王叶、吉媛媛、周晓娟、刘雪连、闫秀华、关静、王翔、魏忠波、孟宗斌、郭丹阳等也参与了本书的编写工作。书中的部分案例由全德志（网名为"布衣公子"）老师无私奉献，在此表示衷心的感谢。

在编写的过程中，笔者力求精益求精，甚至是完美，但仍难免有考虑不周甚至疏漏之处，还请读者批评指正。

本书范例的素材和代码下载地址为：http://pan.baidu.com/s/1o8dcxrs（注意数字及字母大小写）。如果下载有问题，请发送电子邮件至booksaga@126.com，邮件主题设置为"求PowerPoint 2016素材"。

编 者

2016年11月

目录

前言

第1章 从零开始认识PPT——与PowerPoint 2016的第一次亲密接触

第2章 在幻灯片中使用文本——全面掌握幻灯片中文本的使用方法

第3章 在幻灯片中使用表格与图表——让数据更直观

第 4 章　在幻灯片中使用图形对象——全面掌握幻灯片中图像的使用方法

第5章 在幻灯片中添加多媒体——让你的幻灯片丰富多彩起来

第6章 动画设计与交互功能——让你的PPT动起来

第7章　制作母版与版式——提高制作幻灯片效率的金钥匙

第8章 幻灯片放映与打包发布——让幻灯片更好地与他人分享

第9章 如何设计出优秀的PPT

第10章 培训类PPT实例精讲

第11章 战略研讨会PPT实例精讲

第12章 企业管理规划PPT实例精讲

第13章 高效会议秘诀PPT实例精讲

第 **1** 章

从零开始认识PPT——
与PowerPoint 2016的第一次亲密接触

演示文稿，顾名思义，即用于演示的稿件，而PowerPoint 2016为制作演示文稿提供了完整的解决方案。利用PowerPoint 2016，用户可以快速地制作出精美的演示文稿，进而达到更好的演示效果。在本章中，读者可以与PowerPoint 2016进行第一次亲密接触，初步入门PowerPoint，掌握PowerPoint的基本操作。

通过本章的学习，您将掌握以下内容：

- 认识PPT
- PPT设计的相关知识
- PPT的工作界面
- 演示文稿的基本操作
- 幻灯片的基本操作

1.1 认识PPT

PPT，全称为Microsoft Office PowerPoint，是微软公司设计的演示文稿软件。顾名思义，PowerPoint就是使观点（Point）更有说服力（Power）的意思，它应用在许多领域，已经成为现代办公中不可或缺的软件。

1.1.1 PPT的应用领域

提到PPT的应用领域，不得不说一下PPT的由来。PPT是由传统的幻灯片发展而来，传统的幻灯片是通过在投影仪上放置一张一张的投影卡片，然后投影到墙上或屏幕上显示。随着科技的发展，PPT应运而生，它代替早期原始的逐张卡片进行投影，其制作更加简单方便，投影效果更佳，为我们在会议、演讲、教学等方面带来了极大的方便，所以常常在进行这方面的工作时，会用到PowerPoint软件。

1. 会议

无论是内部会议，还是产品的发布会，都少不了PPT的身影。在会议中，PPT可以起到提纲挈领的作用，会议主持人可以通过PPT掌握会议的议程，听众可以通过PPT更好地领会会议主持人的意思。可以说，PPT搭建起了会议主持人与听众之间的桥梁。

2. 演讲

无论是自我介绍演讲，还是成果展示研究，一份精美的PPT都可以使得演讲效果锦上添花。演讲者可以在PPT中使用图片、音频、视频等多媒体，引领听众的思维，让听众彻底沉浸在演讲者的演讲之中。

3. 教学

教学是PPT应用非常广泛的领域。一份精美的教学型PPT对于学生更好地掌握课堂知识、提高上课效率非常有效。同时，可以在PPT中插入动画等，使得枯燥的理论知识更加生动形象，有利于学生的接受。

4. 其他

活用PPT可以使其成为优秀的平面设计工具。相比于Photoshop等专业平面设计软件，PPT操作简便，方便入门。只需在PPT中设计好页面，然后导出为图片格式即可。因此，无论是海报设计还是网页设计，PPT都可以胜任。

1.1.2 PPT的作用

PPT是演示文稿的制作软件，其核心作用是提供一种视觉沟通手段以增强演示效果，具体分解开来，可以归纳为对于演示者以及受众两方面的作用。

1. 演示者方面

一份好的PPT可以突出重点，理顺思路，增强与受众的互动，提高沟通效率。比如在工作汇报中，通过在PPT中使用条理化的语句、图片、表格等，可以更加生动形象地将工作汇报出来。同时，PPT还可以起到提示的作用，给汇报者提供清晰的思路。同样，在产品介绍、竞聘、演讲、授课等过程中，PPT可以对演示者提供帮助，增强演示效果。

2. 受众方面

受众可以通过PPT更加轻松地领会演示者想要表达的意思，紧跟演示者的思路。比如在课堂教学过程中，学生可以在教师讲解的同时观看PPT，从而可以紧跟教师的授课思路，当遇到知识理解模糊的地方，可以观看PPT上的内容，自己搞清楚；同时，一些晦涩难懂的理论知识，通过PPT动画等，学生可以轻松地接受，这样也使得课堂教学更加有趣，学生学习积极性更高。

1.2 什么样的PPT才更精彩

相信每位读者朋友都希望把自己的PPT做得更加出彩，能够让受众一眼看上去就投出羡慕的目光。那么什么样的PPT才能称得上是精彩的呢？好的PPT应该具备什么样的标准呢？下面简要进行介绍。

1.2.1 好的PPT应具备的标准

1. 简约

不少人刚接触设计PPT的时候，将想要表达的话语一字不差地放在PPT的页面中，使得页面拥挤不堪，反而削弱了信息传达的效果。相反，大家看到苹果公司发布会上播放的PPT，通过简单的图片配上简单的文字，就达到了非常理想的信息传达效果。因此，设计PPT时，应尽量简约，其他的内容可以通过演示者现场讲述。

2. 设计风格一致

一份演示文稿由多张幻灯片组成，应该使这些幻灯片的设计风格保持一致，视觉效果才会更加精美，观众看起来会感觉更加连续，思路也不易被打断。

3. 合适的动画效果

PPT中的动画效果需要仔细斟酌，千万不可为了动画而使用动画。PPT中的动画效果主要为传递的内容服务，合适的动画效果可以为PPT添彩。

4. 制作快捷

在日常学习工作中，PPT常常是在某一项工作完成之后向他人展示用的，因此留给PPT制作的时间并不是十分充裕，所以PPT制作需要方便快捷。

1.2.2 精美PPT赏析

一份精美的PPT给人的感觉就是一件艺术品，下面带领读者来赏析三份精美的PPT，领悟其中的精妙之处。

1. 商务模板

本套商务模板以深蓝色为主色调，给人以科技、专业、清爽的感觉，整体设计风格严谨大方。演示文稿通过多种图表的使用，将数据进行可视化处理，使受众很容易领会演示文稿所要表达的意思。本演示文稿如图1-1所示。

图1-1 商务模板

2. 项目答辩

此项目答辩演示文稿以浅蓝色为主色调，配以黄色点缀，给人以科技、轻松、专业的感觉，整体设计风格简洁美观。演示文稿首页设计精美，能够很好地引人入胜，带领观众进入项目答辩过程中；内容页图文并茂，排版考究，可以使受众很容易领会演示文稿所要表达的意思。本演示文稿如图1-2所示。

图1-2 项目答辩演示文稿

3. 知识介绍

此知识介绍演示文稿以蓝色、绿色、橘色为主色调，给人以活泼、有趣、清爽的感觉，整体设计风格活泼清爽。演示文稿中插入大量的图片、图表，可以使受众非常轻松地接收到演示文稿所要传递的信息。本演示文稿如图1-3所示。

图1-3 知识介绍演示文稿

1.2.3 怎样成为一名合格的设计师

1. 多看

在成为一名合格的PPT设计师的道路上，多看是必不可少的。一般来说，一个成熟的PPT设计师，都会有浏览国内国外优秀设计网站的习惯，看得多了，视野也就广了，审美也就提高了。那么，在进行PPT创作的时候想法也就多了。PPT的设计同其他产品的设计都是相通的，包括网页的设计、海报的设计，甚至是家具的设计、服装的设计。在平时的学习工作中，多留心、多看，汲取设计中的优点，对于提高PPT设计水平十分有利。

2. 多练

除了要多看，也必须多练。PPT设计师最忌讳"眼高手低"，千万不要看到别人的作品时能够挑出许多毛病，可是到了自己动手的时候，却做不出十分优秀的作品。因此，在成长为PPT设计师的道路上需要多练。唯有多练，才能够熟能生巧，才可以使心中的想法变成一种设计习惯，从而在PPT设计的过程中不经意之间流露出来。

3. 形成自己的风格

就像每个服装设计师有自己的设计风格一样，每个PPT设计师也应该找到自己的设计风格。在大量的"看"和"练"之后，逐步找到自己喜欢的并且适合自己的设计风格，并将这种风格发扬出去，并在合适的地方实现创新，这样才能够逐步成长为一名成熟的PPT设计师。

1.3 推荐几个优秀的素材网站

1.3.1 图片素材

图片素材网站数量繁多，质量也良莠不齐，读者需要找到适合自己的图片素材网站，这里推荐几个比较实用的图片素材网站，供读者参考。

01 全景网（http://www.quanjing.com/）是作者经常使用的图片素材网站，网站图片资源丰富，注册为会员后可以提供免费小样下载，使用十分方便，如图1-4所示。

图1-4 全景网

02 昵图网（http://www.nipic.com/）是一个图片分享交流平台，其中收藏了大量各行各业的图片，资源十分丰富，如图1-5所示。

图1-5 昵图网

03 华盖创意（http://www.gettyimages.cn/）为客户提供海量创意类图片，影视素材及音乐素材，注册为会员后可下载无水印图片，如图1-6所示。

图1-6 华盖创意

1.3.2 图标网站

在PPT中合理地使用图标能够使PPT更加生动有趣，这里推荐几个比较实用的图标网站，供读者参考。

01 easyicon（http://www.easyicon.net/）是作者经常使用的图标网站，其中有大量精美的图标，用户通过关键词可以搜索出相关的图标，使用非常方便，如图1-7所示。

图1-7 easyicon网站

02 freepik（http://www.freepik.com/）中不仅有许多精美的图标，有许多精美的矢量图，而且大部分可以免费下载，是一个非常好的网站，如图1-8所示。

图1-8 freepik网站

1.3.3 其他网站

除了上述网站，还有许多值得推荐的网站，如锐普PPT论坛和500px网站：

01 锐普PPT论坛（http://www.rapidbbs.cn/）是作者认为国内最好的PPT论坛。其中不仅有大量PPT素材，而且有众多PPT案例，读者可以自行下载学习，如图1-9所示。

图1-9 锐普PPT论坛

02 500px（http://500px.com/）是一个专业摄影师图片社区，网站中有大量精彩的照片，部分照片需要收费，用户可以根据实际需要购买下载，如图1-10所示。

图1-10 500px网站

1.4 快速熟悉PowerPoint 2016工作界面

PowerPoint 2016的工作界面由"文件"菜单、"快速访问"工具栏、标题栏、选项卡和功能区、状态栏和视图栏、"幻灯片缩略图"窗格、"操作说明搜索"文本框、"幻灯片"窗口等组成，具体如图1-11所示。

图1-11 工作界面

1. "文件"菜单

"文件"菜单位于工作界面的左上角，单击"文件"可以出现"文件"窗口，如图1-12所示，主要包括信息、新建、打开、保存、另存为、打印、共享、导出、关闭、账户、选项等，选择所需要的命令即可进行相应的操作。其中，需要特别说明的是，单击"选项"命令，可以弹出"PowerPoint选项"对话框，从而对PowerPoint 2016进行高级设置。

图1-12 "文件"窗口

2．"快速访问"工具栏

"快速访问"工具栏位于"文件"菜单项的右侧，这里集中了最常用的工具按钮，如"保存"按钮、"撤销"按钮和"恢复"按钮等，如图1-13所示。用户单击"快速访问"工作区的按钮，即可快速实现相应的功能。此外，用户可以单击"快速访问"工具栏右侧的下拉按钮，便可在弹出的"自定义快速访问工具栏"下拉菜单中将用户觉得常用的命令添加到"快速访问"工具栏，方便用户操作，如图1-14所示。除此之外，用户可以单击自定义快速访问工具栏中的"其他命令"与"在功能区下方显示"分别设置快速访问工具栏中的其他命令以及调整"快速访问"工具栏中的位置。

图1-13 "快速访问"工具栏　　　　　图1-14 自定义快速访问工具栏

3．标题栏

标题栏位于工作界面的顶部中央，主要用来显示正在使用的文档名称，程序名称及窗口控制按钮等，在如图1-15所示的标题栏中，"演示文稿N"即为正在使用的文档名称，Microsoft PowerPoint即为正在使用的程序名称。位于标题栏右侧的窗口控制按钮包括当前登录的账户名、"功能区显示选项"按钮、"最小化"按钮、"最大化"或"向下还原"按钮以及"关闭"按钮。

图1-15 标题栏

小技巧

如果要切换当前的账户，可以单击标题栏上的账户名，在弹出的菜单中选择"切换账户"命令。

4. 选项卡和功能区

自PowerPoint 2007之后，传统的菜单栏被选项卡所取代。单击选项卡中相应的功能，即可打开相应的功能区。功能区由工具组组成，用来存放常用的命令按钮或列表框等，如图1-16所示。

图1-16 选项卡和功能区

5. 状态栏和视图栏

状态栏和视图栏位于窗口的最下方，如图1-17所示。状态栏用于显示当前文档页、总页数、字数和输入状态等。视图栏包括视图按钮组（包括普通视图、幻灯片浏览视图和阅读视图）、调节页面显示比例的控制杆。此外，备注显示按钮和批注按钮也位于视图栏。

图1-17 状态栏和视图栏

6. "幻灯片缩略图"窗格

"幻灯片缩略图"窗格位于工作界面的左侧，用于显示当前演示文稿的幻灯片缩略图以及当前位置，如图1-18所示。从"幻灯片缩略图"窗格中，可以看出当前演示文稿一共有5张幻灯片，此时正位于第2张幻灯片处。用户可以利用这些缩略图来复制、删除幻灯片，或者调整幻灯片的前后顺序。

图1-18 "幻灯片缩略图"窗格

7. "操作说明搜索"文本框

PowerPoint 2016在功能区有个"告诉我您想要做什么"文本框，在这里可以输入要执行的操作相关的字词和短语。例如，不知如何在幻灯片中插入图片，可以输入"插入图片"，在弹出的下拉列表中选择"插入图片"，会自动弹出"插入图片"对话框让用户选择要插入的图片，如图1-19所示。

图1-19 "操作说明搜索"文本框

8. "幻灯片"窗口

"幻灯片"窗口位于工作界面的中间，用于显示和编辑当前的幻灯片，如图1-20所示。

图1-20 "幻灯片"窗口

1.5 了解PowerPoint视图方式

PowerPoint 2016提供了4种主要的视图方式来显示演示文稿的内容，使演示文稿易于浏览、便于编辑。这4种视图方式主要包括普通视图、备注页视图、幻灯片浏览视图和阅读视图。下面将对这4种视图方式进行一一介绍。

1.5.1 普通视图

普通视图是PowerPoint默认的编辑视图，用户可以在普通视图模式完成大多数的录入和编辑工作，也可以设置段落和字符的格式等，经常被用来编写或设计演示文稿。

单击"视图"选项卡，然后单击"演示文稿视图"组中的"普通"按钮，即可查看演示文稿的普通视图，如图1-20所示。用户可以拖动窗格之间的分隔条，调整"幻灯片缩略图"窗格与"幻灯片"窗格的大小。

> **小技巧：**
>
> 在"视图"选项卡中还有一个"大纲视图"按钮，可以切换到大纲视图，在左侧窗格中输入和查看演示文稿要介绍的主题，更易于把握整个演示文稿的设计思路。这种视图适合于以文字为主的演示文稿。

1.5.2 备注页视图

单击"视图"选项卡，然后单击"演示文稿视图"组中的"备注页"按钮，即可查看演示文稿的备注信息，如图1-21所示。一个典型的备注页视图会看到在幻灯片图像的下方带有备注页方框。用户可以将想要说明，但不想放入幻灯片的内容在备注框中输入，作为提醒自己的摘要。

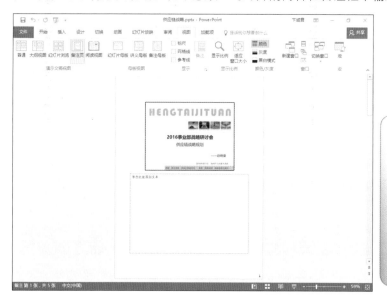

图1-21 备注页视图

> **小技巧**
>
> 如果平时要对某张幻灯片添加备注，可以在普通视图中切换显示该幻灯片，然后单击状态栏中的"备注"按钮，即可在"幻灯片"窗格下方显示"备注"窗格，让用户对当前幻灯片添加备注文字。

1.5.3 幻灯片浏览视图

幻灯片浏览视图能够以查看缩略图形式的幻灯片。通过浏览视图，用户可以清晰地对演示文稿的顺序进行排列和组织，也可以在准备打印演示文稿时通过浏览视图进行查看。

单击"视图"选项卡，然后单击"演示文稿视图"组中的"幻灯片浏览"按钮，即可查看演示文稿的浏览视图，如图1-22所示。

1.5.4 阅读视图

阅读视图可以用来放映演示文稿。阅读视图会占据整个计算机的屏幕，这与受众观看演示文稿时在大屏幕上显示的演示文稿完全一样。放映过程中直接单击该幻灯片，即可跳转至下一张幻灯片；若放映视图过程中需要退出该视图模式，按Esc键即可。

单击"视图"选项卡，然后单击"演示文稿视图"组中的"阅读视图"按钮，即可查看演示文稿的幻灯片放映视图，如图1-23所示。在窗口的下方显示浏览工具，方便切换上一张幻灯片、下一张幻灯片，或者预览演示文稿的动画效果。

图1-22 幻灯片浏览视图

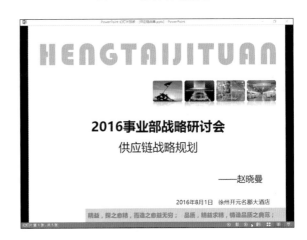

图1-23 阅读视图

1.6 演示文稿的基本操作

熟悉了PowerPoint的视图方式之后，接下来讲解演示文稿的一些基本操作，包括新建演示文稿、打开演示文稿、保存演示文稿和关闭演示文稿等。

1.6.1 新建演示文稿

在制作一个新的演示文稿之前，用户首先需要新建一个演示文稿，操作方式主要包括以下几种。

1. 启动软件后新建演示文稿

单击Windows 10的"开始"按钮，单击"所有应用"→PowerPoint 2016命令，即可启动PowerPoint 2016，显示如图1-24所示。PowerPoint 2016启动后，界面左侧为最近使用的文档，右侧为可以选择新建演示文稿的模板或主题。

用户可以在右侧选择系统默认提供的新建演示文稿的模板或主题，也可以搜索联机模板和主题，在搜索框输入内容，然后单击搜索框右侧的搜索图标即可联机搜索，如图1-25所示，但是此操作的前提是保证电脑处于联网的状态。此外，如果新建的演示文稿没有模板，可以新建空白演示文稿，单击"空白演示文稿"，即可完成如图1-26所示的空白演示文稿的新建。空白演示文稿的默认文件名为：演示文稿1、演示文稿2，以此类推，扩展名为.pptx。

图1-24 PowerPoint 2016启动后的界面

图1-25 联机搜索模板和主题

2. 使用鼠标右键新建幻灯片

在电脑桌面空白位置右击，在弹出的快捷菜单中单击"新建"命令，在其子菜单中找到"Microsoft PowerPoint演示文稿"，如图1-27所示。单击此命令，即可在桌面上新建一个空白演示文稿，其文件名为："新建Microsoft PowerPoint演示文稿.pptx"，用户可以直接修改演示文稿的文件名。

图1-26 新建空白演示文稿

图1-27 选择"Microsoft PowerPoint演示文稿"

> **小技巧**
>
> 当用户启动 PowerPoint 2016 之后，按快捷键 Ctrl+N 即可快速新建一个空白演示文稿。

1.6.2 打开演示文稿

用户可以通过以下两种操作方式打开已有的演示文稿。

1. 直接打开

用户可以在电脑中找到演示文稿存储的位置，双击该演示文稿文件名，即可启动PowerPoint并打开该演示文稿。

2. 启动软件后打开

启动PowerPoint 2016软件后，在窗口左侧单击"打开其他演示文稿"命令，出现如图1-28所示的窗口，通过系统提供的最近使用的演示文稿、OneDrive、这台电脑等方式找到演示文稿文件所在的存储位置，单击文件即可打开演示文稿。

图1-28 打开演示文稿

小技巧

如果用户已经打开一个演示文稿，想打开其他演示文稿时，可以单击"文件"菜单，然后单击"打开"命令，同样出现如图1-28所示的窗口。

1.6.3 保存演示文稿

保存演示文稿时主要通过以下操作方式进行：单击"文件"菜单，再单击"保存"或"另存为"命令，出现如图1-29所示的"另存为"窗口。双击"这台电脑"，打开如图1-30所示的"另存为"对话框，在其中选择文件保存的位置，同时输入文件名并选择文件保存类型，然后单击"保存"按钮。

图1-29 "另存为"窗口

图1-30 "另存为"对话框

小技巧

用户还可以按快捷键 **Ctrl+S** 来保存演示文稿，或者单击 **PowerPoint** 窗口左上角的 🖫 按钮来保存演示文稿。用户在编辑演示文稿的过程中应该养成及时保存的好习惯，防止因为电脑故障等原因而造成劳动成果的丢失。

1.6.4 关闭演示文稿

关闭演示文稿时主要通过以下操作方式进行：单击"文件"菜单，再单击"关闭"命令；或者单击演示文稿右上角的 ✕ 按钮，可以关闭当前打开的演示文稿，如图1-31所示。如果在关闭演示文稿之前对演示文稿进行了修改，但是没有保存，单击"关闭"命令之后，将出现如图1-32所示的提示对话框，单击"保存"或"不保存"之后完成演示文稿的关闭。

图1-31 关闭幻灯片　　　　　　　　图1-32 提示是否保存演示文稿

1.7 幻灯片的基本操作

一个演示文稿通常是由多张幻灯片构成。熟悉了演示文稿的基本操作之后，接下来需要对演示文稿中的幻灯片进行操作，下面将对新建幻灯片、编辑幻灯片、放映幻灯片以及删除幻灯片的基本操作进行介绍。

1.7.1 新建幻灯片

在创建好的演示文稿中，默认的只有一张幻灯片，用户可以根据需要新建多张幻灯片。常用的新建幻灯片方法包括以下几种，下面进行一一介绍。

1. 通过功能区的"开始"选项卡新建幻灯片

启动PowerPoint 2016软件，打开创建好的演示文稿，单击"开始"选项卡，在"幻灯片"组中单击"新建幻灯片"按钮，选择需要新建幻灯片的种类，如图1-33所示，即可直接新建一个新的幻灯片。

2. 使用鼠标右键新建幻灯片

在普通视图的"幻灯片缩略图"窗格中要新建幻灯片的位置处右击，在弹出的快捷菜单中选择"新建幻灯片"命令，如图1-34所示，即可自动创建一个新的幻灯片。

图1-33 选择新建幻灯片的种类　　　　图1-34 "新建幻灯片"命令

1.7.2 更改幻灯片的版式

幻灯片创建之后，用户可以对幻灯片的版式进行编辑，主要通过以下两种操作方式进行。

1. 通过"开始"选项卡编辑幻灯片

单击"开始"选项卡，在"幻灯片"中单击"版式"按钮，在弹出的下拉菜单中可以选择幻灯片的版式，即可为幻灯片进行布局，如图1-35所示。

图1-35 选择幻灯片版式

2. 使用鼠标右键编辑幻灯片

在普通视图的"幻灯片缩略图"窗格的缩略图上右击，在弹出的快捷菜单中选择"版式"命令，然后选择要应用的新的幻灯片版式，如图1-36所示。

图1-36 选择幻灯片版式

1.7.3 放映幻灯片

幻灯片制作好之后，便可以对演示文稿进行放映了。PowerPoint 2016放映幻灯片的具体操作如下：单击"幻灯片放映"选项卡，在"开始放映幻灯片"组中选择放映幻灯片的方式，主要包括"从头开始"和"从当前幻灯片开始"按钮，根据需要选择这两种方式进行幻灯片的放映，如图1-37所示。

图1-37 放映幻灯片

1.7.4 删除幻灯片

创建幻灯片之后，若发现不需要那么多的幻灯片，此时可以删除多余的幻灯片。具体操作步骤如下：在普通视图的"幻灯片缩略图"窗格中，选中需要删除的幻灯片的缩略图，然后右击，在弹出的快捷菜单中选择"删除幻灯片"命令，如图1-38所示。此时这张幻灯片将被删除，并从"幻灯片缩略图"窗格的缩略图列表中消失。

图1-38 删除幻灯片

1.8 实例：制作一个简单的PPT文稿

本章带领读者与PowerPoint 2016进行了一次亲密接触，介绍了PowerPoint 2016的基础操作。通过本章的学习，用户完全可以自己制作出一份简单的PPT文稿。下面结合本章讲述的知识点来制作一个简单的PPT文稿，以进一步巩固所学知识。

01 从"开始"菜单启动PowerPoint 2016软件，并单击"回顾"主题，如图1-39所示。在弹出的窗口中单击"创建"按钮。

图1-39 应用"回顾"主题

02 分别在第一张幻灯片的主标题和副标题位置输入"PowerPoint使用指南"和"手把手教您成为POWERPOINT高手"文字，设置标题文字字体为微软雅黑，字号为80，副标题为宋体24号，如图1-40所示。

图1-40 输入文字

03 在"插入"选项卡中的"插图"组中单击"形状"按钮，如图1-41所示。在弹出的下拉菜单中单击"笑脸"形状，鼠标变成了十字形，拖动即可画出"笑脸"形状。如果拖动时按住键盘上的Shift键可以画出正圆的笑脸，如图1-42所示。

图1-41 插入形状　　　　　　　　　　　　图1-42 插入后的效果

04 在"开始"选项卡中的"幻灯片"组中单击"新建幻灯片"按钮，在弹出的下拉菜单中选择"两栏内容"版式，插入第二张幻灯片，如图1-43所示。

05 在文本框中输入文字，并根据需要设置相应的字体，如图1-44所示。

图1-43 插入第二张幻灯片　　　　　　　　图1-44 插入文本并修改字体

06 单击左侧分栏中的"联机图片"按钮，在弹出的对话框中搜索关键字powerpoint，然后在搜索结果中选择要插入的图片，单击"插入"按钮，如图1-45所示。此时，在幻灯片中插入从网上下载的图片，如图1-46所示。

图1-45 选择要插入的图片　　　　　　　　图1-46 第二张幻灯片效果

第2章

在幻灯片中使用文本——全面掌握幻灯片中文本的使用方法

内容导读：

文本是幻灯片中不可或缺的组成元素，合理高效地使用文本可以使幻灯片的排版更加美观，增强幻灯片的感染力，从而给观看幻灯片的观众留下更加深刻的印象。在PowerPoint 2016中，可以通过多种方式为幻灯片插入文本，并且可以对文本进行多方位的格式设置。本章我们就来详细介绍PowerPoint 2016中如何高效便捷地使用文本。

通过本章的学习，您将掌握以下内容：

- 文本的输入方法
- 文本的格式设置
- 文本的编辑
- 项目符号与编号的使用

2.1 输入多种文本

输入文本有多种方法，可以在占位符中输入文本、使用文本框添加文本以及导入外部文本，下面我们就来学习这些输入文本的方法。

图2-1 占位符的概念

2.1.1 在占位符中输入文本

1. 认识占位符

占位符是一种带有虚线边缘的框，绝大部分幻灯片版式中都有这种框。在这些框内可以放置标题及正文，或者是图表、表格和图片等对象。通俗地说，占位符就是用来先占住版面一个固定的位置，供用户向其中添加内容的。如图2-1所示即为两种常用的占位符。

2. 在占位符中输入文本

在PowerPoint 2016演示文稿中输入文本非常简单，直接单击"单击此处添加文本"之类的提示语，就可以进入文本输入模式，直接输入文本即可。下面介绍在占位符中输入文本的具体操作方法。

01 启动PowerPoint 2016，在左侧"幻灯片缩略图"窗格中选择准备输入文本的幻灯片缩略图。

02 单击准备输入文本的占位符，此时光标变为输入模式，并在占位符中闪烁，用户输入文本即可，如图2-2所示。

图2-2 占位符中输入

2.1.2 使用文本框添加文本

1. 认识文本框

在制作演示文稿的过程中，用户可能需要将文本放到幻灯片页面的特定位置上，此时可以通过插入文本框的方式实现这个排版要求。文本框，顾名思义，就是存放文本的容器，它可以方便地改变大小和位置。相对于占位符来说，文本框使用更加灵活，因此也广泛受到了PPT制作者的钟爱。

2. 使用文本框添加文本

使用文本框添加文本非常简单，下面介绍使用文本框添加文本的具体操作方法。

01 启动PowerPoint 2016，依次单击"插入"选项卡的"文本"组中的"文本框"按钮，选择"横排文本框"或者"垂直文本框"，如图2-3所示。

图2-3 添加文本框之前的幻灯片

02 在需要插入文本的地方按住鼠标左键，拖动绘制大小合适的文本框。此时，用户可以在固定宽度的文本框中输入内容，如图2-4所示。另外，还可以在幻灯片需要插入文本的位置直接单击，进入文本输入模式，此时文本框宽度不固定，需要用户利用键盘上的回车键自行换行。

图2-4 利用文本框插入文本之后的幻灯片

2.1.3 导入外部文本

在制作演示文稿的过程中，经常会遇到要将Word中的文字导入到PPT的情况，因此掌握如何有效地导入外部文本十分重要，下面介绍导入的具体方法和注意事项。

01 在Word中，选中需要导入的文本，并复制到剪贴板中。

02 在幻灯片需要导入文本的地方右击，根据粘贴要求选择相应的粘贴选项，此时PPT自动为所导入的文字添加一个文本框，这样Word中的文本就导入到PPT中了。用同样的方法，也可以将文字导入到已有的占位符或者文本框中。如图2-5所示（这4种粘贴选项分别为：1.套用目标幻灯片主题；2.保留源格式；3.粘贴为图片；4.仅保留文字内容）。

图2-5 粘贴选项

2.2 设置文本格式

在演示文稿的设计过程中，文本不宜过多，并且是突出演示主题的关键要素，因而在"寸字寸金"的幻灯片中，文本格式就显得尤为重要。字符的格式包括字体、字号、颜色、效果、字间距等内容，下面学习这些字符格式的设置方法。

2.2.1 设置文本字体格式

1. 设置字体

所谓字体，指的是文字的风格样式。在演示文稿的设计过程中，一种合适的字体经常能够起到画龙点睛的效果，因此选用合适的字体十分重要。不同字体体现出来的风格特点各有不同，下面简单列举了几款常用字体的特点，如图2-6所示。

宋体	**黑体**	楷体
仿宋	**综艺**	隶书

图2-6 常用的字体样式

- 宋体：客观、雅致、大气、通用。西方拼音文字的印刷体都沿用了中文宋体的韵味，并公认为是国际化字体。这种最普通、最平淡的字体其实是最美、最永恒的字体。
- 黑体：厚重、抢眼。多用于标题制作，有强调的效果。
- 楷体：清秀、平和，带书卷味。它是近、现代印刷品中追求书卷味的产物，多用于启蒙教材。在专业书籍中多用于主观文字当中。
- 仿宋：权威、古板。是早期中文打字机的专用字体，由于那种打字机多用于国家机关，因此仿宋体至今仍是红头文件的专用字体。印刷品中使用仿宋体给人某种权威的感觉，一般用于观点提示性阐述。

- 综艺：艺术、专业、现代感。一种设计味较浓的字体，可表现一种艺术的时尚，但如果滥用则有矫揉造作之嫌。
- 隶书：在书法作品中，隶书含中有露、刚柔并济，是很雅的一种，表现力十分丰富，但是不适合大篇幅使用。

下面介绍字体设置的具体操作方法，如图2-7所示。

01 用鼠标选中PPT中要更改字体的文本。

02 选中文本后，PPT会自动在选中文字附近弹出快速设置文本格式的浮动工具栏（如未弹出或者弹出后消失，可以右击使浮动工具栏再次弹出），此时单击字体下拉列表框右侧的小三角，便可以进行字体选择。或者在"开始"选项卡中的"字体"组中进行设置，方法与浮动工具栏设置方法相同。

图2-7 字体设置方法

根据笔者制作演示文稿的经验，推荐使用"微软雅黑""黑体"等无衬线字体，而要减少使用"宋体"等有衬线字体。字体的选配既要符合演示文稿的内容、感情，也要符合演示文稿播放的场合，还需要读者在日后的练习中慢慢体会。

小知识

推荐几个找字体的网站：**01** 找字网（http://www.zhaozi.cn/）；**02** 书法字典（http://www.shufazidian.com/）；**03** 求字网（http://www.qiuziti.com/）。

有衬线字体和无衬线字体：有衬线字体在字的笔画开始、结束的地方有额外的装饰，而且笔画的粗细会有所不同。与之相反，无衬线字体就没有这些额外的装饰，而且笔画的粗细差不多。在传统的正文印刷中，普遍认为衬线体能带来更佳的可读性（相比无衬线体），尤其是在大段落的文章中，衬线增加了阅读时对字母的视觉参照。而无衬线体往往被用在标题、较短的文字段落或者一些通俗读物中。相比严肃正经的衬线体，无衬线体给人一种休闲轻松的感觉。

2. 设置字号

在PowerPoint 2016中，字号用阿拉伯数字来表示大小，数字越大字越大，这些数字的单位为"磅"。

下面介绍字号设置的具体操作方法，如图2-8所示。

01 选择PPT中要更改字号的文本。

02 选中文本后，PPT会自动在选中文字附近弹出快速设置文本格式的浮动工具栏（如未弹出或者弹出后消失，可以右击使浮动工具栏再次弹出），此时单击字号下拉列表框右侧的小三角，就可以选择字号。或者在"开始"选项卡中的"字体"组进行设置，方法如浮动工具栏设置方法。

图2-8 字号设置方法

小知识：磅的概念

磅，即 pt，是英文 point 的缩写，中文译成磅。它的来源是过去印刷工人为决定字体的大小，就用自己脚（feet）的多少分之一来量。美国为此还有多种不同的 pt 的大小，到 1886 年才统一下来。即 1 磅为 1/72 英寸，等于 0.3527 毫米。

在开始菜单的"字体"组中，通过 A̅ A̅ 这两个按钮可以逐渐增大或者减小字号，其快捷键是"Ctrl+>"和"Ctrl+<"。另外，快捷键"Ctrl+["和"Ctrl+]"也可以让字体慢慢变大和缩小。

3. 设置其他字体格式

不论是上述提到的字体字号的设置，还是其他字体格式的设置操作起来都非常简单。用户可以在"开始"选项卡中的"字体"选项组中进行设置，如图2-9所示。或者在选择文本后出现的浮动工具栏中进行设置，如图2-10所示。

图2-9 通过"开始"选项卡进行设置

图2-10 通过浮动工具栏进行设置

如果要进行更多的设置，则可以打开"字体"对话框进行设置。通过以下任何一种方式都可以打开"字体"对话框。

- 单击"字体"右下方的展开按钮 ▫ 。
- 通过鼠标右键选择"字体"命令。

"字体"选项卡和"字符间距"选项卡分别如图2-11和图2-12所示。

图2-11 "字体"对话框的"字体"选项卡　　图2-12 "字体"对话框的"字符间距"选项卡

从图中可以看到，"字体"对话框分"字体"和"字符间距"两个选项。在"字体"选项卡中可以设置"中文字体""西文字体""字体样式""大小""字体颜色""下划线线型""上标""下标"等效果。在"字符间距"选项卡中可以设置"间距"等。

2.2.2 设置文本效果格式

文本字体格式只能满足用户对文本格式的基本设置需求，用户如果想做出效果更加炫丽的文本格式，需要进行文本效果格式的设置，下面学习这些文本效果格式的设置方法。

PowerPoint 2016提供了20款精美的艺术字样式预设，选中需要设置文本效果的文本，单击"格式"选项卡，在"艺术字样式"组选择相应的艺术字样式预设（如图2-13所示），就可以方便快捷地为所选文字设置精美的艺术字样式。

图2-13 设置艺术字样式的方法

如果PowerPoint 2016提供的20款艺术字样式不能满足用户需求，用户还可以根据自己的需求个性化定制艺术字样式。单击"艺术字样式"组中的"文本填充""文本轮廓"以及"文本效果"可以分别对样式效果进行设置。此外，用户还可以单击"艺术字样式"右下方的展开按钮，对艺术字样式进行更加细致的设置，如图2-14所示。

图2-14 设置艺术字样式

2.3 编辑文本

创建幻灯片后，还可以编辑其中的文本，例如复制与移动文本、查找与替换文本等。

2.3.1 复制与移动文本

在对文本进行编辑时，我们首先需要选择文本，然后才能对其进行操作。复制文本和移动文本存在着一定的差别，复制文本会保留原位置的文本内容，而移动文本则不会保留剪切前的文本内容。

1. 复制文本

下面介绍复制文本的具体操作方法，如图2-15、图2-16所示。

01 选择PPT中的文本。

02 右击选择"复制"命令或者单击"开始"选项卡的"剪贴板"组中的"复制"按钮，或者直接按快捷键Ctrl+C，此时选择的文本被复制到剪贴板中。

03 在需要放置文本的位置右击，根据需要选择粘贴类型进行粘贴，或者直接按快捷键Ctrl+V。此时，上一步所选择的文本则被复制到当前位置。

图2-15 复制文本

图2-16 粘贴文本

2. 移动文本

移动文本和复制文本的操作十分相似，下面介绍移动文本的具体操作方法，如图2-17、图2-18所示。

01 选择PPT中的文本。

02 右击选择"剪切"命令或者单击"开始"选项卡的"剪贴板"组中的"剪切"按钮，或者直接按快捷键Ctrl+X，此时选择的文本被剪切到剪贴板中，同时被选择的文本消失。

03 在需要放置文本的位置右击，根据需要选择粘贴类型进行粘贴，或者直接按快捷键Ctrl+V。此时，上一步所选择的文本则被移动到当前位置。

图2-17 剪切文本　　　　　　　　图2-18 粘贴文本

2.3.2 查找与替换文本

当用户在对文字较多的演示文稿进行编辑时，找到文本中的某些文本可能非常麻烦。此时，利用PPT的"查找与替换文本"功能，便可以轻松地找到并且替换所有搜索的文本。

1. 查找文本

下面介绍查找文本的具体操作方法。

01 单击"开始"选项卡的"编辑"组中的"查找"按钮，如图2-19所示，或者按快捷键Ctrl+F。

02 弹出"查找"对话框后，即可输入需要查找的文本，然后单击"查找下一个"按钮进行查找，如图2-20所示。

图2-19 单击"查找"按钮　　　　　　图2-20 输入查找文本

2. 替换文本

替换文本与查找文本的操作十分相似，下面介绍替换文本的具体操作方法。

01 单击"开始"选项卡的"编辑"组中的"替换"按钮，如图2-21所示，或者按快捷键Ctrl+H。

02 弹出"替换"对话框后，分别输入需要替换的文本和替换后的文本，然后单击"全部替换"按钮，完成全部文本的替换。还可以依次单击"查找下一个"与"替换"按钮逐一确认是否进行替换，如图2-22所示。

图2-21 单击"替换"按钮　　　　　　　图2-22 输入文本

小技巧：统一替换幻灯片中使用的字体

如果演示文稿中的正文字体为"宋体"，觉得需要全部改为"楷体"，可以单击"开始"选项卡的"编辑"组中的"替换"按钮右侧的向下箭头，在弹出的下拉列表中选择"替换字体"命令，打开"替换字体"对话框。分别在"替换"下拉列表框中选择"宋体"，在"替换为"下拉列表框中选择"楷体"，然后单击"替换"按钮。

2.4 设置文本段落格式

编辑完文本之后，为了使幻灯片中的文本排版更加美观，可以设置其段落格式，例如设置对齐方式、设置缩进方式、设置行间距和段落间距等。

2.4.1 设置对齐方式

段落对齐方式包括左对齐、右对齐、居中对齐、两端对齐和分散对齐等，下面为读者一一介绍。

选择某个需要更改的段落，单击"开始"选项卡的"段落"组中的段落对齐按钮，即可更改段落的对齐方式，如图2-23所示。还可以单击"段落"组右下角的展开按钮，在弹出的"段落"对话框中对段落的对齐方式进行设置，如图2-24所示。

图2-23 设置对齐方式　　　　图2-24 选择对齐方式

其中：

● 左对齐：是指文本的左边缘与左页边距对齐。

31

- 居中：是指文本相对于页面以居中的方式排列。
- 右对齐：是指文本的右边缘与右页边距对齐。
- 两端对齐：是指文本的左右两端的边缘分别与左页边距和右页边距对齐。
- 分散对齐：是指文本左右两端的边缘分别与左页边距和右页边距对齐，如果段落最后的文本不满一行，将自动拉开字符间距，以使该行文本均匀分布。

2.4.2 设置缩进方式

段落缩进指的是段落中的文本相对于页面边界的位置。段落缩进的方式包括左缩进、右缩进、悬挂缩进和首行缩进等。下面为用户——进行介绍。

在PPT中，通过水平标尺的缩进滑块可以进行缩进设置。首先单击"视图"选项卡，勾选"标尺"复选框，即可看到水平标尺和垂直标尺。这里主要通过水平标尺进行操作。如图2-25和图2-26所示。找到标尺上的滑块，由倒立三角形、正立三角形和矩形构成。按住鼠标左键分别进行拖动即可完成相应的缩进。

图2-25 勾选"标尺"复选框   图2-26 设置缩进

下面对缩进方式进行具体介绍。

- 悬挂缩进：是指段落首行的左边界不变，其余各行向右缩进一段距离，其形状为正立三角形。
- 首行缩进：只是段落首行向左或向右缩进一段距离，其余各行保持不变，其形状为倒三角形。
- 左缩进：将段落整体向右进行缩进，其形状为矩形。
- 右缩进：将段落整体向左进行缩进，在水平标尺的右侧，形状为正立三角形。

另外，还可以通过"段落"对话框来精确设置首行缩进和悬挂缩进。鼠标选中某一需要更改的段落，单击"开始"选项卡中"段落"右下角的展开按钮，在弹出的"段落"对话框中找到"缩进"区，对段落的缩进方式进行设置，如图2-27和图2-28所示。

图2-27 设置缩进

图2-28 设置缩进量

2.4.3 设置行距和段间距

段落的行距和间距包括段前距、段后距和行距。可以通过单击"段落"组中的"行与段落间距"按钮进行设置，如图2-29所示。数字代表的是几倍的行距，如2.0即为2倍行距。设置的时候先选中段落文本，然后单击该按钮选中要设置的行距数字即可。

如果要进行更加详细的设置，可以单击"开始"选项卡的"段落"组右下角的展开按钮，在弹出的"段落"对话框中设置段落的行距和间距，如图2-30所示。

在对话框的"间距"区中包括"段前"和"段后"两个选项，可以通过文本框右侧的微调按钮调整数值，也可以直接在文本框中输入数值进行设置；如果需要设置行与行之间的距离，在"行距"选中需要设置的行距，也可以在后面的设置值微调框中输入精确的数据来更改行距。

图2-29 设置行距

图2-30 设置行距和段间距

2.5 使用项目符号和编号

在PPT中，为了使文本具有清晰的层次结构，常常会大量使用项目符号和编号。本节就来探讨项目符号和编号的一些基本和特殊的用法。

2.5.1 使用项目符号

添加项目符号的列表有助于把一系列重要的条目或论点与文档中其他的文本区分开来。PowerPoint允许为文本添加不同的项目符号。

1. 添加普通符号

下面我们举例说明普通符号的添加方法。

01 打开文件，选择要添加普通符号的段落，如图2-31所示。

02 在"段落"选项组中，单击"项目符号"按钮旁边的向下箭头，可以看到一些简单的项目符号，如图2-32所示。如果想使用其中的一个，直接单击该符号即可。

图2-31 选择要定义的内容 　　　　　　图2-32 "项目符号"下拉列表

03 如果要选择更多的项目符号，可以在"项目符号"下拉列表中单击"项目符号和编号"选项，打开如图2-33所示的"项目符号和编号"对话框。单击"项目符号"选项卡，然后单击"自定义"按钮，可以看到其中提供了很多的符号，如图2-34所示。通过不同的"字体"选项来改变符号，然后选中一个符号，单击"确定"按钮。

图2-33 "项目符号和编号"对话框 　　　　图2-34 "符号"对话框

04 返回到"项目符号和编号"对话框中，再次单击"确定"按钮，可以看到新定义的项目符号效果，如图2-35所示。

图2-35 完成项目符号的添加

2. 添加图片符号

在PPT中也可以使用漂亮的图片作为项目符号。接下来还是以上述内容为例进行讲解，操作方法如下。

01 选择需要定义的段落，按照上述添加普通项目符号的方法打开"项目符号和编号"对话框，单击"项目符号"选项卡，单击"图片"按钮，如图2-36所示。打开如图2-37所示的"插入图片"向导窗口，从图中可以看出，既可以选择本地计算机的图片，也可以在电脑联网的情况下通过互联网搜索图片，比如，在第二项的文本框中输入"花"后按回车键，就可以搜索到与花相关的图片。

图2-36 "项目符号和编号"对话框　　图2-37 "插入图片"向导

02 选中需要作为项目符号插入的图片，单击"插入"按钮，如图2-38所示。

03 插入图片成功后可以看到插入后的效果，如图2-39所示。

图2-38 选择图片并插入　　　　图2-39 完成后的效果

3. 取消项目符号

取消项目符号在PPT中的操作也十分简单，选中已经设置了项目符号的段落，再次单击"项目符号"按钮旁边的向下箭头，选择"无"即可。

2.5.2 使用编号

编号列表是按照编号的顺序排列，如将操作步骤按先后顺序依次编号，可以使用与创建项目符号列表类似的方法创建编号列表。

1. 添加编号

选择需要定义的段落，然后单击"段落"组的"编号"按钮旁边的向下箭头，就可以看到很多的编号库，直接进行选择即可，如图2-40和图2-41所示。

图2-40 定义段落内容

图2-41 选择编号

插入编号成功后的效果如图2-42所示。

2. 设置编号起始值

在PPT中还可以为编号设置不同的起始值。下面将对起始编号的设置进行介绍。

选择需要定义的段落，然后单击"段落"组的"编号"按钮旁边的向下箭头，在弹出的下拉列表中选择"项目符号和编号"选项，默认打开"编号"选项卡，选中一个项目编号类型，然后通过"起始编号"的上下按钮调整不同的编号起始值，如图2-43和图2-44所示。

图2-42 添加编号后的效果

图2-43 "编号"选项卡

图2-44 设置起始编号

不同起始编号的效果如图2-45和图2-46所示。

图2-45 起始编号为"a)"的效果　　　　图2-46 起始编号为"b)"的效果

2.6　实例：制作诗词学习课件

　　本章详细介绍了幻灯片中文本使用的基础操作，通过本章的学习，用户就可以在演示文稿中编辑出丰富多彩的文本内容。下面结合本章讲述的知识点来制作一个简单的课件，以进一步巩固所学知识。

01 打开PowerPoint 2016，在"开始"窗口右侧选择一个模板，这里选择了"丝状"主题的一个模板。单击模板，即创建了一个演示文稿，如图2-47和图2-48所示。

图2-47 幻灯片主题　　　　　　　图2-48 丝状主题

02 分别在占位符中输入标题：诗词学习，副标题：唐宋诗词。分别将标题的字体格式设置为：微软雅黑，大小为60；副标题的字体为宋体，大小为32，并将文本框拖至合适美观的位置，如图2-49所示。

03 单击"开始"选项卡中的"新建幻灯片"按钮，插入几张幻灯片，如图2-50所示。

图2-49 输入文字　　　　　　　　　　图2-50 插入幻灯片

04 在第2张PPT幻灯片中输入"水调歌头"，字体为微软雅黑，大小为36，如图2-51所示。同时打开的"素材/第2章"的文本文档"水调歌头.txt"，复制文本至第2张幻灯片的文本框内，设置字体为宋体，大小为20，如图2-52所示。

图2-51 输入文字　　　　　　　　　　图2-52 粘贴文本

05 选中第2张幻灯片，选择"插入"选项卡，单击"文本框"按钮，插入一个新的横排文本框，如图2-53所示，在文本框中输入文本内容"作者：苏轼"，字体选用隶书，大小为20，如图2-54所示。

图2-53 插入文本框　　　　　　　　　图2-54 输入文字

06 选中第3张幻灯片，选择"插入"选项卡，单击"艺术字"按钮，选择一个样式，如图2-55所示，在文本框中输入"作品赏析"，字体选择为"幼圆"，大小为40。并将该文本框拖至合适的位置，如图2-56所示。

图2-55 插入艺术字　　　　　　　　　　　　　图2-56 输入文字

07 打开"素材/第2章"的文本文档"注释.txt"，复制文本至第3张幻灯片的文本框内，设置字体为宋体，大小为18，如图2-57所示。

08 选中文本内容，选择"开始"选项卡，单击"段落"组的"项目符号"按钮，选择如图2-58所示的项目符号。

图2-57 插入文本　　　　　　　　　　　　　图2-58 添加项目符号

09 复制第3张幻灯片中添加的艺术字"作品赏析"到第4张幻灯片中，并修改内容为"内容赏析"，打开"素材/第2章"的文本文档"内容赏析.txt"，复制文本至第4张幻灯片的文本框内，默认字体为宋体，大小为20，如图2-59所示。

10 选中文本，选择"开始"菜单，单击"段落"组中的"行和段落间距"，选择行间距为1.5，完成的效果如图2-60所示。

图2-59 插入文本　　　　　　　　　　　　　图2-60 设置行距

11 复制第4张幻灯片中的艺术字"内容赏析"至第5张幻灯片中，打开"素材/第2章"的文本文档"内容赏析.txt"中的其他内容，将其复制至第5张幻灯片的文本框中，设置字体为宋体，大小为20，如图2-61所示。

12 选中文本第一段，选择"开始"菜单，打开"段落"组右下角的展开按钮，打开"段落"对话框。在"缩进"区选择格式为"首行缩进"，度量值选择为"2厘米"，如图2-62所示。对文本第2段也进行同样格式的设置，并选中所有文本，设置行距为1.5倍。设置完成后效果如图2-63所示。

图2-61 复制文本　　　　　　　　　　　　　图2-62 设置缩进

13 最后在第6张幻灯片中插入艺术字"谢谢观看"，如图2-64所示。最后单击"文件"，选择"保存"按钮，选择合适的保存位置，将文件命名为"唐诗宋词.pptx"。

图2-63 设置后的效果　　　　　　　　　　　图2-64 插入艺术字

2.7 提高办公效率的诀窍

文本作为幻灯片中最基本的元素，在PPT制作中非常重要。根据笔者制作幻灯片的经验来看，有以下诀窍与读者交流。

1. 使用区分大小写替换英文。

若用户在对文本进行替换时需要严格区分大小写，此时只需勾选"替换"对话框中的"区分大小写"复选框即可实现，如图2-65所示。此时，文档中的"apple""aPPle""appLE"等与搜索文本大小写不符的文本不能被搜索到。

图2-65 区分大小写

2. 字体的下载与安装

用户可以使用个性化的字体，使演示文稿更加美观，下面介绍使用字体的诀窍。

01 打开字体下载网站，在第2.2.1节的小知识中已经介绍过，这里选择找字网（http://www.zhaozi.cn/），如图2-66所示。

02 用户选择需要的字体进行下载，这里下载"张海山锐谐体"，下载后将字体文件复制到C:\Windows\Fonts，如图2-67所示。

图2-66 字体网　　　　　　　　　　图2-67 复制到字体文件夹

03 重新启动PowerPoint 2016，在字体设置选项中便可以看到新增加的字体。

3. 格式的快速复制

当有若干位置都需要使用相同的格式时，则可以使用"格式刷"快速复制格式。设置好一段文本格式之后，将光标定位在文本范围内，然后双击"格式刷"按钮，如图2-68所示，再用鼠标依次在要定义格式的文本中拖动即可。

图2-68 重复使用格式刷

第3章

在幻灯片中使用表格与图表
——让数据更直观

内容导读：表格是幻灯片中十分重要的辅助元素，通过表格的使用可以更直观地显示数据，合理地设计表格样式可以使幻灯片更加美观。在PowerPoint 2016中，可以通过多种方式为幻灯片插入表格，并且可以对表格进行多方位的样式和效果设置。另外，图表的类型也多种多样，例如折线图、柱状图等，不同样式的设置可以增强幻灯片的感染力。本章我们就来详细介绍PowerPoint 2016中如何高效便捷地使用表格与图表。

通过本章的学习，您将掌握以下内容：

- 在幻灯片中插入表格
- 多方位设置表格效果
- 多角度设置表格样式
- 插入并设置图表

3.1 创建表格

在幻灯片中可以很简单地插入表格，同时可以根据不同的需要对表格的大小、单元格等进行设置，下面我们就来对幻灯片中表格的创建进行详细的介绍。

3.1.1 在幻灯片内插入表格

在PowerPoint 2016中，表格是用来表现数据的常用方式之一。使用表格可以让数据展示的更为直观，并且比文字更具说服力，下面介绍在幻灯片内插入表格的具体操作方法。

01 在PowerPoint 2016中打开演示文稿，选中要插入表格的幻灯片，单击幻灯片中的正文占位符，如图3-1所示。

02 单击"插入"选项卡，单击"表格"按钮的向下箭头，弹出如图3-2所示的"表格"下拉列表。在这里有4种插入表格的方法，下面进行一一介绍。

图3-1 插入表格的幻灯片

图3-2 "表格"下拉列表

● 拖动选择示意表格的行列。在"表格"下拉列表中，用鼠标拖动示意表格中的行和列，拖动选择的单元格就会变成橘黄色，根据需求拖动相应行和列的表格，如图3-3所示。根据需要选择好相应的单元格后单击，即可在幻灯片中插入表格，整个创建表格过程非常直观。

图3-3 拖动选择示意表格的行列来创建表格

● 在"表格"下拉列表中选择"插入表格"选项，打开如图3-4所示的"插入表格"对话框，在其中输入相应的行数和列数，即可插入表格。当然，还可以通过单击幻灯片内容占位符中的"表格"按钮来实现（见图3-5），单击之后同样打开"插入表格"对话框。

图3-4 "插入表格"对话框　　　　图3-5 内容占位符中的"表格"按钮

● 绘制表格。因为绘制表格不能在幻灯片的文本中绘制，所以先将幻灯片中内容占位符删除，如图3-6所示，删除成功之后的效果如图3-7所示。然后在"表格"下拉列表中选择"绘制表格"选项，此时鼠标变成了画笔样式，在幻灯片中拖动鼠标，即可拖动出如图3-8所示的外框。绘制出表格的外框之后，在功能区中多出了一个"设计"选项卡，单击"绘制表格"按钮，拖动贯穿表格的行列，可以绘制出表格的单元格边框，如图3-9所示。

图3-6 选中幻灯片内容占位符　　　　图3-7 删除内容占位符后的幻灯片

图3-8 绘制表格的外框　　　　　　　　图3-9 绘制表格的单元格边框

小技巧：

用户单击"绘制表格"按钮绘制表格的单元格边框线时，不要太靠近表格的边框，否则PowerPoint会认为是另一个表格。

- 绘制Excel电子表格。在"表格"下拉列表中选择"Excel电子表格"选项，此时当前幻灯片中会插入一个Excel工作表，并且功能区变成了Excel 2016的界面。拖动表格边框，将其移动到所需的位置，拖动边框四周的黑色句柄调整其大小，如图3-10所示。接下来，在表格中输入数据并进行处理，就像在Excel中进行操作一样。表格创建完成后，单击表格外的任意位置结束编辑。此时，幻灯片中插入了一个Excel电子表格，如图3-11所示。要重新编辑表格，只需在表格上双击即可。

图3-10 插入Excel电子表格　　　　　　图3-11 插入Excel电子表格之后

3.1.2 导入外部表格

在PowerPoint 2016演示文稿中，可以在不打开Excel文档的情况下，直接从PowerPoint中选定目标文档进行导入，方便读者演示。具体操作步骤如下。

01 切换到要导入Excel表格的幻灯片中，单击"插入"选项卡中的"对象"按钮，如图3-12所示，单击之后打开如图3-13所示的"插入对象"的对话框。

图3-12 单击"对象"按钮

02 在"插入对象"对话框中，选中"由文件创建"单选按钮，然后单击"浏览"按钮，找到需要导入的本地Excel文档文件，单击"确定"按钮即完成表格的嵌入，如图3-14所示。

图3-13 "插入对象"对话框　　　　　图3-14 完成表格嵌入之后的幻灯片

3.1.3 选择表格元素

以上介绍了在幻灯片中创建表格的几种方式，插入成功后，读者可以根据个人的需要选中表格元素并进行相应的编辑。下面进行详细介绍。

01 单击表格然后拖动鼠标即可选中表格元素，可以对表格中的任何元素直接进行编辑，如图3-15所示。

02 如果是通过"插入Excel电子表格"或"导入外部表格"的方式插入表格，则可以双击表格，此时，在演示文稿中会弹出Excel编辑的界面，用户可以选中元素然后进行编辑，如图3-16所示。

图3-15 选中元素直接编辑　　　　　图3-16 双击Excel表格后选中元素编辑

3.1.4 设置表格大小

在幻灯片中创建表格之后，读者可以根据不同的需求改变其大小，读者可以通过调整单元格的大小或直接调整表格进行设置，具体操作步骤如下。

1. 调整单元格大小

01 选择表格中的单元格，单击"布局"选项卡，在"单元格大小"组的"高度"和"宽度"文本框中输入具体的数值，可以更改指定单元格的高度和宽度，如图3-17所示。例如，将第一行单元格设置为高度2厘米，宽度5厘米，效果如图3-18所示。

图3-17 当前的单元格大小

02 输入单元格高度和宽度之后，还可以单击"单元格大小"组中的"分布行"和"分布列"按钮快速平均分布指定行或列的高度或宽度。例如，在图3-18中，单击"分布行"按钮，此时，每行的高度都变成了1.22cm，设置后的效果如图3-19所示。

图3-18 更改指定单元格的大小

图3-19 单击"分布行"按钮后的效果

2. 通过鼠标直接调整表格大小

01 选中需要调整大小的表格，这时表格四周会出现文本框样式的边框，如图3-20所示。

02 将鼠标移动到边框上有正方形小点的位置，当鼠标变成双向箭头时，按住鼠标左键不松并拖动到理想大小即可，如图3-21所示。

图3-20 选中表格出现白色边框

图3-21 按住鼠标左键拖动表格

> **小技巧：**
>
> 当用户将鼠标指针指向单元格边框上，鼠标指针变成 ◀‖▶ 或 ▲▼ 形时，按住鼠标左键拖动，可以迅速调整单元格的列宽或行高。

3.1.5 插入与删除行和列

读者可以根据需要对已经创建的表格进行行和列的基本操作，主要包括插入与删除行和列，下面进行详细介绍。

1. 插入行和列

将插入点置于表格中希望插入新行或新列的位置，然后单击"布局"选项卡，利用"行和列"组中的按钮可以快速插入行和列，如图3-22所示。其中：

图3-22 插入行和列命令

- "在上方插入"按钮：表示在指定单元格的上方插入一行。
- "在下方插入"按钮：表示在指定单元格的下方插入一行。
- "在左侧插入"按钮：表示在指定单元格的左侧插入一列。
- "在右侧插入"按钮：表示在指定单元格的右侧插入一列。

2. 删除行和列

如果要删除表格中不需要的行或列，可以先选择该行或该列，然后单击"布局"选项卡，单击"删除"按钮的向下箭头，出现如图3-23所示的下拉列表。其中：

图3-23 "删除"下拉列表

- "删除列"选项：表示删除指定单元格所在的一列。
- "删除行"选项：表示删除指定单元格所在的一行。
- "删除表格"选项：表示删除指定单元格所在的整个表格。

3.1.6 合并与拆分单元格

用户在插入表格之后，不仅可以设置单元格大小，还可以对单元格进行合并与拆分的操作，下面进行详细介绍。

1. 拆分单元格

如果要将一个单元格拆分为两个或多个单元格，可以按照下述步骤进行操作：

01 单击表格中要拆分的单元格，单击"布局"选项卡，然后单击"合并"组，如图3-24所示，此时"合并单元格"按钮显示为灰色，不能操作；"拆分单元格"按钮为黑色，可以单击操作。

02 单击"拆分单元格"按钮，弹出如图3-25所示的对话框，可以在"列数"和"行数"文本框中输入数字进行单元格的拆分操作。例如将选定单元格拆分为2列和1行的效果，如图3-26所示。

图3-24 打开"合并"选项卡　图3-25 "拆分单元格"对话框　　　图3-26 拆分单元格后的效果

2. 合并单元格

如果要将多个单元格合并为一个单元格，可以按照下述步骤进行操作：

01 拖动鼠标选定表格中的两个或两个以上的单元格。

02 单击"布局"选项卡，在"合并"组中单击"合并单元格"按钮，即可看到选定的多个单元格已经合并为一个单元格，如图3-27所示。

图3-27 合并单元格后的效果

3.2　设置表格效果

前面已经讲述了在幻灯片中创建表格的方法，接下来将详细介绍如何对已经插入的表格设置不同的效果，使其在幻灯片中展示不同的特点。

3.2.1　设置主题样式

在幻灯片中插入表格之后，为了更好地与幻灯片母版效果匹配，读者可以根据需要对表格进行不同主题样式的选择，下面进行详细介绍。

01 单击幻灯片中的表格边框将其选中，可以看到表格四周出现白色外框，此时功能区会自动出现"表格工具"下的"设计"和"布局"两个选项卡，如图3-28所示。

图3-28 单击表格后出现"表格工具"下的两个选项卡

02 单击"设计"选项卡，找到"表格样式"组，如图3-29所示。然后单击该组右下角的"其他"按钮，在弹出的下拉列表中选择需要设置的表格样式效果。选择完成后，当前的表格会自动应用此主题样式效果，如图3-30所示。

图3-29 打开"表格样式"组

图3-30 选择表格主题样式效果

小技巧

在"设计"选项卡的"表格样式选项"组中，还可以勾选或撤选相应的复选框，控制是否对标题行或汇总行等套用主题样式。

3.2.2 设置表格底纹

如果表格的主题样式还是不能达到读者希望的效果，读者可以对幻灯片中的表格底纹进行设置。操作有点类似于表格主题样式的设置过程，下面进行详细介绍。

01 选中整个表格或部分单元格，单击"设计"选项卡，在"表格样式"组中找到"底纹"按钮，如图3-31所示。

02 单击"底纹"按钮的向下箭头，出现如图3-32所示的下拉列表，选择需要设置的底纹效果，选择完成后选定的表格或单元格会自动套用此底纹效果。

图3-31 找到"表格样式"组中的"底纹"按钮　　图3-32 选择底纹样式效果

注意

在选择表格时，如果单击表格，很可能只是将插入点置于表格的某个单元格，设置底纹时只会改变单元格的底纹颜色。如果要对部分单元格设置底纹，只需在表格中按住鼠标左键拖动选中这些单元格；要想对整个表格设置底纹，需要在单击表格之后，再将鼠标指针指向表格的外框，当鼠标指针变成形时，单击鼠标即可选中整个表格。

3.2.3 设置表格边框颜色

表格可以具有多种类型的边框效果，同时也可以对表格边框的颜色进行多种设置。下面进行详细介绍。

01 选中整个表格或部分单元格，单击"表格工具"中的"设计"选项卡，找到"绘图边框"组，如图3-33所示。

图3-33 "绘图边框"组

02 单击"绘图边框"选项卡中的"笔颜色"，默认为黑色，读者可以根据需要在弹出的取色板中选择合适的颜色，如图3-34所示。如果要查看更多的颜色，还可以在弹出的取色板中单击"其他边框颜色"，出现如图3-35所示的"颜色"对话框，读者根据对话框的选项自行设置不同的边框颜色。

图3-34 单击"笔颜色"按钮

图3-35 "颜色"对话框

03 设置好"笔颜色"之后，在"设计"选项卡的"表格样式"组中单击"边框"按钮，如图3-36所示。此时，弹出了许多不同样式的边框效果，如图3-37所示，读者自行选择不同效果的边框，选择之后在指定的单元格或表格所处的边框应用刚才选中的颜色。

图3-36 选择表格样式中的"边框"按钮

图3-37 选择边框样式效果

3.2.4 设置表格宽度和线型

在对表格效果设置时，还可以设置表格的宽度和线型，现在进行详细介绍。

01 与设置表格边框颜色的操作方法类似，首先单击"表格工具"中的"设计"选项卡，找到"绘图边框"组的"线型"和"宽度"列表框。

02 单击"线型"列表框右侧的小三角，弹出不同类型的线型，如图3-38所示，用户自行根据需要进行选择设置。

03 单击"宽度"列表框右侧的小三角，弹出不同的宽度设置值，如图3-39所示，用户自行根据需要进行设置。

图3-38 "线型"设置   图3-39 "宽度"设置

3.2.5 设置文本对齐方式

应用表格最重要的作用是使表格内容能够更直观、简明和整齐，所以接下来将详细介绍如何设置表格中文本的对齐方式。

01 选中表格中需要设置文本的单元格或选中整个表格，单击"表格工具"中的"布局"选项卡，找到"对齐方式"组，如图3-40所示。

图3-40 "对齐方式"组

02 根据需要可以设置文本的对齐方式、文字方向以及单元格边距，下面对每项进行详细介绍。

- 左对齐▤：将选中的文本靠单元格左边对齐。
- 居中▤：将选中的文本靠单元格中间对齐。
- 右对齐▤：将选中的文本靠单元格右边对齐。
- 顶端对齐▢：将选中的文本沿着单元格的顶端对齐。
- 垂直居中▢：将选中的文本在单元格内垂直居中对齐。
- 底端对齐▢：将选中的文本沿着单元格的底端对齐。
- 文字方向：单击"文字方向"按钮，弹出列表框，用户根据需要自行选择不同的文字方向，如图3-41所示。例如，想使单元格中的文字以竖排方式排列，可以单击"文字方向"列表框中的"竖排"选项。

● 单元格边距：单击"单元格边距"按钮，弹出列表框，用户根据需要选择单元格文本离单元格边框的距离，如图3-42所示。如果预定义的边距不符合要求，还可以单击列表框下方的"自定义边距"选项，弹出如图3-43所示的"单元格文本布局"对话框。这里有更多的选项，读者可以根据需要自行选择并查看不同的效果。

图3-41 "文字方向"列表框　　图3-42 "单元格边距"设置　　图3-43 "单元格文本布局"对话框

3.2.6 设置表格文本样式

前面已经介绍了设置表格中文本的对齐方式，接下来将进一步对表格中文本的样式设置进行详细介绍。

01 选中表格中要设置样式的文本。例如，选中表格中的第一行文本，然后单击"表格工具"中的"设计"选项卡，找到"艺术字样式"组，如图3-44所示。

图3-44 "艺术字样式"组

02 在"艺术字样式"组中默认提供了4种不同的样式选项，分别是"快速样式""文本填充""文本轮廓"和"文字效果"选项，用户可以根据需要自行选择不同的艺术字样式。为了让用户更好地理解，下面对这4种选项进行简单的操作介绍。

- 快速样式：该选项可以在预定义的样式中为表格文本设置不同的艺术风格，具体操作步骤为单击"艺术字样式"选项卡中的"快速样式"按钮，弹出如图3-45所示的列表框，单击其中的样式即可快速为文本设置艺术字。
- 文本填充：该选项可以通过设置"纯色""渐变""图片"或"纹理"样式来对文本进行填充。单击"艺术字样式"组中的"文本填充"按钮右侧的小三角，弹出如图3-46所示的"文本填充"下拉列表，然后根据需要选择不同的效果。

图3-45 "快速样式"列表　　　　　　　　　图3-46 "文本填充"下拉列表

- 文本轮廓：该选项可以通过设置"颜色""宽度"或"虚线"样式来定义文本轮廓。单击"艺术字样式"组中的"文本轮廓"按钮右侧的小三角，弹出如图3-47所示的"文本轮廓"下拉列表，然后根据需要选择不同的效果。

图3-47 "文本轮廓"下拉列表

● 文字效果：该选项可以通过设置"阴影""发光"或"映像"等效果来为文字添加视觉效果。单击"艺术字样式"组中的"文字效果"按钮右侧的小三角，弹出如图3-48所示的"文字效果"下拉列表，然后根据需要选择不同的效果。

图3-48 "文字效果"下拉列表

03 还可以单击"艺术字样式"组右下角的展开按钮，弹出如图3-49所示的"设置形状格式"窗格，单击"文本选项"选项卡，可以在其中对文本样式进行更多的设置。

图3-49 "设置形状格式"文本选项

3.3 创建图表并编辑

图表是数据更直观和形象的表现形式。通过图表可以让观众更容易理解文字数据表达的含义，同时也可以使幻灯片的显示效果更加清晰。

在PowerPoint 2016中，可以插入多种数据图表和图形，包括：柱形图、折线图、饼图、条形图、面积图、XY（散点图）、股价图、曲面图、雷达图、瀑布图和组合图等。

3.3.1 创建图表

创建图表的操作步骤如下。

01 在演示文稿中插入一张新幻灯片，然后单击内容占位符中的"插入图表"按钮，如图 3-50所示。还可以单击"插入"选项卡的"插图"组中的"图表"按钮。

02 在弹出的"插入图表"对话框中选择合适的图表形状，例如，选择"柱形图"分类中的"簇状柱形图"，然后单击"确定"按钮，如图3-51所示。

图3-50 单击"插入图表"按钮　　　　　　　图3-51 选择"簇状柱形图"图表

03 单击"确定"按钮，弹出"Microsoft PowerPoint中的图表"窗口，如图3-52所示，在该窗口中更改数据，更改完成后关闭Excel窗口。更改好的效果如图3-53所示。

图3-52 Microsoft PowerPoint中的图表　　　　图3-53 插入"簇状柱形图"后的效果

3.3.2 更改图表类型

如果对幻灯片中插入的图表类型不满意，还可以更改图表类型。接下来将详细介绍在幻灯片中更改图表类型的操作。

01 选中幻灯片中的图表，单击"设计"选项卡的"类型"组中的"更改图表类型"按钮。另外，还可以在选中的图表上右击，在弹出的快捷菜单中选择"更改图表类型"命令，如图3-54所示。

图3-54 打开"更改图表类型"命令

02 在弹出的如图3-55所示的"更改图表类型"对话框中选择一种图表类型，单击"确定"按钮完成更改。例如，将图表类型更改为"条形图"分类中的"簇状条形图"，更改后的效果如图3-56所示。

图3-55 "更改图表类型"对话框 　　　　　图3-56 设置"簇状条形图"图表后的效果

3.3.3 编辑图表源数据

前面在创建图表的过程中，会弹出一个"Microsoft PowerPoint中的图表"窗口，在该窗口中可以更改数据完成图表的制作。当然，创建图表之后，还可以对图表的源数据进一步进行编辑，具体操作步骤如下。

01 选中幻灯片中的图表，单击"设计"选项卡的"数据"组中的"编辑数据"按钮。另外，还可以在选中的图表上右击，在弹出的快捷菜单中选择"编辑数据"命令，如图3-57所示。

图3-57 选择"编辑数据"命令

02 单击"编辑数据"之后，弹出"编辑数据"和"在Excel中编辑数据"两个选项。用户可以单击这两个选项来使用Excel编辑数据。

3.3.4 设置图表布局

在幻灯片中创建图表之后还可以对图表布局进行设置，下面将对设置图表布局中的"添加图表元素"和"快速布局"操作进行详细介绍。

1. 添加图表元素

一个图表中包含多个组成部分，默认创建的图表仅包含其中的几项。如果希望图表显示更多信息，就有必要添加一些图表布局元素。

01 选中幻灯片中的图表，单击"设计"选项卡的"图表布局"组中的"添加图表元素"按钮，如图3-58所示。

图3-58 单击"添加图表元素"按钮

02 单击之后弹出如图3-58所示的下拉菜单，用户可以根据需要自行选择不同的图表元素进行设置。例如，单击"数据表"子菜单中的"显示图例项标示"命令，设置之后的效果如图3-59所示。

图3-59 设置图表布局之后的效果

小技巧

在设置图表布局时，还可以采用更加便捷的方式，即：单击幻灯片中的图表，在选中图表的右侧会自动出现 ➕ 按钮，单击该按钮，将弹出图表元素布局的基本选项，让用户快速选择或取消显示的图表元素。

2. 快速布局

创建图表后，可以使用Excel提供的"快速布局"功能来快速设置图表外观，这对于不熟悉分步调整图表选项的用户来说是比较方便的。

01 选中幻灯片中的图表，单击"设计"选项卡的"图表布局"组中的"快速布局"按钮。

02 在弹出如图3-60所示的下拉菜单中，根据需要自行选择合适的图表布局进行设置。例如，单击"快速布局"下拉菜单中的"布局7"，设置之后的效果如图3-61所示。

图3-60 "快速布局"下拉菜单

图3-61 设置图表布局之后的效果

3.3.5 设置图表样式

与表格类似，在幻灯片中为图表提供了很多样式，读者可以根据需要进行图表样式的设置，下面将详细介绍在图表中如何设置图表样式。

01 选中幻灯片中的图表，单击"设计"选项卡的"图表样式"组，如图3-62所示。

图3-62 选择"图表样式"组

02 单击"图表样式"组右下角的"其他"按钮，在图表样式选项中选择合适的图表样式，设置之后的图表效果如图3-63所示。

03 选择合适的图表样式之后，还可以更改图表样式中线条的颜色。单击"图表样式"组中的"更改颜色"按钮，在弹出的颜色列表中选择合适的颜色进行设置，设置后的效果如图3-64所示。

图3-63 设置图表样式之后的效果

小技巧：

在设置图表样式时还可以采用比较便捷的方式，即：单击幻灯片中的图表，在选中图表的右侧会自动添加 ✎ 按钮。单击该按钮，会弹出图表样式和样式颜色的列表，让用户快速进行选择。

图3-64 更改颜色之后的效果

3.4 实例1：制作另类柱形图

本章介绍了在幻灯片中图表使用的基础操作，包括创建图表的方法和设置图表的效果。下面结合本章讲述的知识点来制作一个如图3-65所示的柱形图，从而巩固所学知识。

图3-65 柱形图最终效果

01 打开素材文件"第3章/图表制作.pptx"，新建一张幻灯片，然后单击"插入"选项卡中的"图表"按钮，如图3-66所示。

图3-66 单击"图表"按钮

02 在打开的"插入图表"对话框中选择"簇状柱形图"选项，如图3-67所示。

03 单击"确定"按钮，在打开的Excel工作表中输入创建柱形图所需要的数据，具体数据如图3-68所示。

图3-67 "插入图表"对话框

图3-68 输入图表数据

04 单击工作表右上方的 ⊠ 按钮关闭工作表。单击图表右侧的 ➕ 按钮，取消所有复选框的勾选，如图3-69所示。

图3-69 删除图表元素

05 双击数据系列，打开"设置数据系列格式"任务窗格，切换到"系列选项"选项卡，将"系列重叠"和"分类间距"的参数均修改为"100%"，如图3-70所示。

图3-70 修改系列选项的参数

06 单击橘色数据系列，通过 ➕ 按钮中的选项，显示该系列的数据标签，并设置"数据标签内"显示，如图3-71所示。

图3-71 添加数据标签

07 设置数据标签的文本格式为白色、32磅。接下来，双击蓝色数据系列，在右侧弹出的"设置数据系列格式"任务窗格中单击"填充与线条"选项卡，设置"浅色上对角线"图案填充，前景色为"灰色"，"无线条"效果，如图3-72所示。

图3-72 设置数据系列的填充图案

08 逐个选择橘色数据系列，通过"设置数据系列格式"窗格修改其填充颜色，效果如图3-73所示。

图3-73 设置数据系列的填充颜色

3.5 实例2：别致的环形图

下面将会根据所学的图表知识，创建一个环形图，效果如图3-74所示。想要实现这种效果吗？其实步骤也很简单，是用几个图形和图表进行组合而成的。接下来介绍具体的制作方法。

图3-74 环形图最终效果

01 在上例的演示文稿中新建一张幻灯片，单击"插入"选项卡的"插图"组中的"形状"按钮，在幻灯片中间插入一个尺寸为12cm×12cm的正圆形，如图3-75所示。

图3-75 插入一个正圆形

02 在正圆形上右键，在弹出的快捷菜单中选择"设置形状格式"命令，打开"设置形状格式"任务窗格，设置"无填充""灰色实线边框"效果，如图3-76所示。

图3-76 设置圆形的格式

03 通过形状功能在圆形中插入一个同心的圆环，并设置尺寸为9.5cm×9.5cm，如图3-77所示。

图3-77 插入一个圆环

04 通过鼠标左键拖动环形的内侧控制点，适当调整环形的宽度，如图3-78所示。

图3-78 调整环形宽度

05 单击"插入"选项卡的"插图"组中的"图表"按钮，打开"插入图表"对话框，并选择"圆环图"选项，如图3-79所示。

图3-79 "插入图表"对话框

06 单击"确定"按钮关闭对话框，即可在页面中间创建一张默认环形图，在打开的Excel工作表中输入创建环形图需要的数据，如图3-80所示。

图3-80 添加圆环图的数据

07 删除图表中不需要显示的图表元素，并调整图表的大小以及摆放位置，如图3-81所示。

图3-81 设置环形图的大小及位置

08 双击圆环数据系列，打开"设置数据点格式"任务窗格，切换到"系列选项"子选项卡，设置"圆环图内径大小"为"76%"，效果如图3-82所示。

图3-82 设置圆环内径大小

09 双击蓝色数据系列，设置"无填充""无线条"效果，如图3-83所示。使用同样的方法，设置橘色数据系列为"橙色填充""无线条"效果。

图3-83 设置蓝色数据系列透明效果

10 为图表添加一些辅助图案以及线条和文本，效果如图3-84所示。

图3-84 添加图片及文本

3.6 实例3：不一样的堆积图

下面将根据所学的图表知识，根据表3-1中的数据创建一个堆积图，效果如图3-85所示。通过下面步骤的介绍，将学会类似的堆积图表的制作，甚至可以在此基础上添加更多的创意。

表3-1 产品统计分析

月份	产品一	产品二	总计
一月	63	57	120
二月	68	45	113
三月	85	56	141
四月	60	75	135
五月	58	63	121
六月	87	69	156
七月	98	82	180

图3-85 堆积图最终效果

01 在演示文稿中新建一张幻灯片，并通过"插入"选项卡中的"图表"命令，打开"插入图表"对话框。

02 单击"组合"选项卡，选择"自定义组合"图标。在"为您的数据系列选择图表类型和轴"区域中，设置"系列1"和"系列2"的图表类型为"堆积面积图"，设置"系列3"的图表类型为"带数据标记的折线图"，如图3-86所示。

03 单击"确定"按钮关闭对话框，即可插入一张自定义组合图表，在打开的Excel工作表中设置需要创建的数据，如图3-87所示。

图3-86 "插入图表"对话框　　　　　　　　图3-87 添加创建堆积图的数据

04 添加图表标题，并设置图表中文本的格式。删除图表网格线以及纵坐标轴，适当调整图表标题和图例的位置，效果如图3-88所示。

图3-88 设置文本格式以及位置

05 选中总计数据系列，单击 ➕ 图标，勾选"数据标签"，并设置在"上方"显示，如图3-89所示。

图3-89 添加数据标签

06 通过右侧的任务窗格设置总计数据系列的"数据标记选项"为内置的"圆形"，然后设置"白色"填充，"3磅橙色"边框效果，如图3-90所示。

图3-90 设置折线标记格式

07 通过同样的方法设置数据线条的格式，"3磅橙色"线条，如图3-91所示。

图3-91 设置折线线条格式

08 切换到"效果"选项卡，设置"右下斜偏移"阴影效果，如图3-92所示。

图3-92 设置折线数据系列阴影格式

09 单击"产品一"数据系列设置填充颜色为"绿色"，设置"产品二"数据系列为"淡绿色"，效果如图3-93所示。

图3-93 设置数据系列填充颜色

10 选择数据标签设置文本颜色为"绿色"，大小为"20磅"，并"加粗"显示，即可完成堆积图表的制作，效果如图3-94所示。

图3-94 设置数据标签文本格式

3.7 提高办公效率的诀窍

表格和图表是幻灯片制作过程中很重要的元素，通过表格和图表的创建可以使幻灯片中的文本数据更形象。根据笔者制作幻灯片的经验来看，有以下诀窍与读者交流。

1. 用户在幻灯片制作过程中，可以插入Excel表格，然后像使用Excel电子表格一样使用，这样解决了用户在幻灯片放映过程中表格内容过多的问题。

2. 用户还可以通过插入"对象"的方式导入Excel表格，这样在演示文稿放映时直接单击图标超链接至Excel表格。

3. 用户插入表格或图表之后可以选择"源数据"进行编辑，这样方便用户随时对表格和图表进行修改。

4. 用户在创建表格和图表时，尽量使用主题样式进行样式的设置，有利于制作出美观的幻灯片，同时尽量保证文本格式统一，文本内容对应，会使得表格和图表更整齐和美观。

第 **4** 章

在幻灯片中使用图形对象

——全面掌握幻灯片中图像的使用方法

内容导读：图形对象是幻灯片中非常重要的元素，它包括各类图片、形状以及SmartArt等。借助图形对象，用户可以让受众更容易地领会幻灯片的内容，从而使得幻灯片展示得更加清晰明了。此外，图形对象还可以使幻灯片更加简洁、美观，增强幻灯片的吸引力。

通过本章的学习，您将掌握以下内容：

- 在幻灯片中使用图片
- 在幻灯片中使用艺术字和文本框
- 在幻灯片中使用形状
- 在幻灯片中使用SmartArt图形

4.1 在幻灯片中使用图片

在幻灯片中适当插入一些图片，使幻灯片图文并茂，可以更好地对演示文稿进行诠释。用户可以直接插入图片或者导入外部图片。

4.1.1 插入图片

插入图片操作十分简单，其具体的操作方式如下：

01 选中要插入图片的幻灯片，单击"插入"选项卡的"图像"组中的"图片"按钮，如图4-1所示。

图4-1 单击"图片"按钮

02 在弹出的"插入图片"对话框中根据图片的存储路径找到图片。选择图片后，单击"插入"按钮即可完成图片插入，如图4-2所示。

图4-2 选择要插入的图片

03 插入图片后，为图片加入一个映像效果，如图4-3所示。有关为图片加上特殊效果的制作方法，我们会在后面为读者朋友详细介绍，在这里就不赘述了。

除了上述利用本地图片进行插入，我们还可以通过获取网络图片进行图片的插入。例如，我们需要在页面中插入一些商务人物图片，可以通过下面的操作步骤来进行网络图片的获取。

01 激活需要插入图片的幻灯片，单击"插入"选项卡中的"联机图片"按钮（位于"图片"按钮右侧）。

02 打开"插入图片"对话框，在"必应图像搜索"文本框中输入需要查找的图片类型的关键词，如"商务"，如图4-4所示。

03 单击文本框右侧的"放大镜搜索"图标，即可搜索到相应的图片，如图4-5所示。选择需要的图片，单击对话框右下角的"插入"按钮即可将图片插入幻灯片中。

4.1.2 编辑图片

PowerPoint 2016具有十分强大的图片编辑功能，用户可以根据需要对图片进行相应的处理，包括设置其大小、旋转角度、图形样式、对齐方式和叠放次序等，下面进行具体的介绍。

图4-3 插入图片后的效果

图4-4 输入搜索关键词

图4-5 选择图片并单击插入

1. 调整图片的大小

通过拖动控制点可以随意改变图片大小，还可以单击"格式"选项卡，在"大小"组中输入精确的数值来更改图片大小，按回车键确认可以将图片进行等比例缩放，如图4-6所示。

图4-6 直接输入精确数值

2. 调整图片的位置

调整图片位置的方法很简单，直接选中图片，按住鼠标左键进行拖曳，即可改变图片的位置，如图4-7所示。

图4-7 调整图片的位置

3. 调整图片的旋转角度

选中需要调整旋转角度的图片,将光标移至图片上方的控制点 ,按住鼠标左键并移动,即可进行图片旋转,如图4-8所示。

图4-8 旋转图片

4.1.3 选择与对齐多张图片

对齐是图片在幻灯片中排布应该注意的一个十分重要的准则,将图片对齐,可以使幻灯片更加整洁,下面介绍选择与对齐多张图片的具体方法。

01 单击第一张需要对齐的图片,然后按住键盘上的Ctrl键选中其他需要进行对齐的图片,如图4-9所示。

图4-9 选择多张图片

02 在"格式"选项卡的"排列"组中单击"对齐对象"按钮,在弹出的下拉列表中选择一种对齐方式,如"垂直居中",如图4-10所示。

03 将图中的4张图片进行"垂直居中"和"横向分布"两次对齐方式的设置之后,效果如图4-11所示。

图4-10 "对齐对象"下拉列表

图4-11　设置对齐后的效果

小技巧：借助辅助线

PowerPoint 2016 为用户提供了非常敏感的辅助线，当用户在幻灯片中拖动图片与其他图片对齐的时候，辅助线就会出现。用户可以借助辅助线快速地实现图片元素的对齐。

4.1.4　设置图片的叠放次序

在PPT中，不同的图片放置于不同的图层中。当几张图片部分重叠时，就涉及图片的叠放次序问题。

如图4-12所示的图片上方装饰了一个透明的橙色文本框。如果将图片叠放在橙色文本框的上方，图片会将文本框掩盖，从而形成如图4-13所示的错误效果。因此，设置图片的叠放次序是非常重要的。

图4-12　图片正确的叠放次序

图4-13 图片错误的叠放次序

如何进行图片叠放次序的设置呢？我们以图4-13中错误的叠放次序为例设置图片置于底层效果。请选择下面的操作方法之一：

● 在选中的图片上右击，在弹出的快捷菜单中选择"置于底层"命令，再设置图片的叠放次序，如图4-14所示。

图4-14 鼠标右键设置图片叠放次序

● 通过"格式"选项卡的"排列"组中的选项按钮设置图片的叠放次序，如图4-15所示。

图4-15 利用按钮设置图片叠放次序

4.1.5 创建图片相册

如果用户希望向演示文稿中添加一大组喜爱的图片，而又不想自定义每张图片，则可以使用PowerPoint 2016非常便捷地制作出图片相册。下面介绍PowerPoint 2016创建图片相册的具体方法。

01 新建一个空白文档，在"插入"选项卡的"图像"组中，单击"相册"下拉列表中的"新建相册"选项，如图4-16所示。

图4-16 单击"新建相册"命令

02 在弹出的"相册"对话框中,单击"文件/磁盘"按钮按照图片存储的路径找到所有需要创建为相册的图片,并将其全部选中,单击"插入"按钮,即可将图片全部输入到"相册"对话框中"相册中的图片"区域中,如图4-17所示。

03 选择好图片版式、相框形状和主题后,单击"创建"按钮,可以得到一个电子相册,效果如图4-18所示。

4.1.6 使用屏幕截图

在制作关于学习的演示文稿的过程中,经常会遇到需要使用屏幕截图的情况。初次使用也许会不知所措,但实际上这是一个非常简单的操作。在这里有两个方法可以解决这个问题:

第一种方法:只需要直接按键盘右上角的PrntScr键进行全屏截图,或者按下Alt+PrntScr组合键对当前窗口进行截图,然后在幻灯片中粘贴就可以了。

第二种方法:利用PowerPoint 2016中自带的截图功能。具体操作步骤如下:

01 打开需要截图的页面,再切换到需要插入图片的幻灯片页面中,单击"插入"选项卡的"图像"组中的"屏幕截图"按钮,再单击"屏幕剪辑"选项,如图4-19所示。

图4-17 "相册"对话框

图4-18 创建完成的相册

图4-19 自带截图功能

02 屏幕将自动切换到需要截图的页面，页面转变为朦胧状态，按住鼠标左键选择所要截取的图片区域，如图4-20所示。

图4-20 截取图片区域

03 松开鼠标左键，所选择的图片区域将自动插入到当前的幻灯片页面中，如图4-21所示。

图4-21 自动插入截图

4.2 图片的美化与特效实现

在幻灯片中插入图片后，还可以对图片进行处理，如美化图片、添加一些特殊效果等。

4.2.1 图片初步处理

1. 删除图片背景

删除图片背景能够将图片主体部分周围的背景删除，以便与当前幻灯片更好地融合。以前要删除图片背景需要使用Photoshop等专业图形图像处理软件，现在利用PowerPoint 2016就能轻松实现。具体操作步骤如下：

01 选择需要删除背景的图片，然后单击"格式"选项卡的"调整"组中的"删除背景"按钮，如图4-22所示。

02 此时，图片背景将变成紫红色，在图片的周围可以看到一些控制点，拖动控制点可以调整删除的背景范围，如图4-23所示。

03 利用"背景消除"选项卡中的"标记要保留的区域"按钮以及"标记要删除的区域"按钮，然后利用鼠标拖动对图片中一些特殊的区域进行标记，从而进一步修正消除背景的准确性。

04 单击"保留更改"按钮，此时图片背景将被成功删除，其效果如图4-24所示。

图4-22 单击"删除背景"按钮

图4-23 选择背景范围

图4-24 删除背景后的效果

2. 初步调整图片效果

通过"图片工具"的"格式"选项卡中的"更正"按钮可以调整图片的柔化/锐化、亮度和对比度效果，如图4-25所示。其中，当亮度为100%时，图片将变成纯白色；当亮度为0时，图片将变成纯黑色；当对比度为0时，图片将变成纯灰色。

图4-25 "更正"选项

各种更正效果如图4-26所示。

原图　　　　　　锐化　　　　　　柔化　　　　　　亮度　　　　　　对比度

图4-26 图表更正的几种效果

单击"图片工具"的"格式"选项卡中的"颜色"按钮，可以调整图片的饱和度、色调和重新着色效果，各种效果如图4-27所示。

原图　　　　饱和度33%　　　　色调400%　　　浅紫色重新着色

图4-27 图片的几种饱和度效果

通过"艺术效果"按钮可以用来设置PowerPoint 2016内置的各种艺术效果，如图4-28所示。这些处理图片方法很少单独使用，但是与其他图片技巧相互结合，就会有很多非常实际的用途。

原图 　　　　　 铅笔灰度 　　　　　 混凝土 　　　　　 影印

图4-28 图片的几种艺术效果

4.2.2 图片的美化

刚插入的图片显得不太精致，常常需要为其添加边框、使用其他效果或者使用图片格式预设。为图片设置不同的样式，可以通过"格式"选项卡中的图片样式区域中的各种选项，也可以通过"设置图片格式"任务窗格进行。

1. 添加边框

选择需要添加边框效果的图片，单击"格式"选项卡中的"图片边框"按钮的向下箭头，选择边框颜色、边框粗细或者线型，如图4-29所示。

图4-29 添加白色边框效果

还可以通过右击图片，在弹出的快捷菜单中选择"设置图片格式"命令，如图4-30所示。

图4-30 右键快捷菜单

打开"设置图片格式"窗格，在"填充""线条"等子选项卡中设置图片边框的各种效果，如图4-31所示。

图4-31 "设置图片格式"窗格

2. 设置图片效果

除了可以为图片添加边框效果，还可以通过"图片效果"下拉列表为图片设置更多特殊的效果，如图4-32所示。

图中为水果篮图片添加了一个居中偏移的阴影效果，图片看起来是不是更加精致了呢。

通过"图片效果"下拉列表中的各种选项不但可以设置图片阴影，还可以设置图片的映像效果、发光效果、三维效果以及柔化边缘等特殊效果，几种效果设置后如图4-33所示。

图4-32 设置"居中偏移"阴影效果

当然，如果觉得以上设置的方法过于简单，我们还可以通过"设置图片格式"窗格中的"效果"子选项卡设置图片的阴影、映像、发光和三维效果等更多精细的效果设置，如图4-34所示。

图4-33 几种特殊效果   图4-34 设置"三维旋转"效果

4.3 在幻灯片中使用艺术字和文本框

在演示文稿中，文字是构成幻灯片的静态元素之一，适当使用漂亮的艺术字来描述观点是美化幻灯片、吸引听众注意的重要手段。其中，输入文本有多种方法，可以在占位符中输入文本、使用文本框添加文本，以及导入外部文本。下面学习如何在幻灯片中使用艺术字和文本框。

4.3.1 插入艺术字

01 打开PPT，然后在"插入"选项卡的"文本"组中单击"艺术字"按钮，在弹出的下拉列表中选择需要的艺术字样式，如图4-35所示。

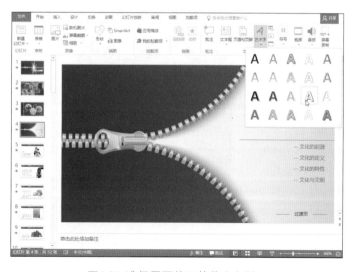

图4-35 选择需要使用的艺术字样式

02 此时，幻灯片中将插入艺术字文本框，在文本框中输入文字，即可获得需要的艺术效果，如图4-36所示。

4.3.2 设置艺术字效果

预置的艺术字效果往往不足以满足用户的需要，还可以在艺术字原有的格式基础上，进行进一步的设置。

选择艺术字，单击"格式"选项卡的"艺术字样式"组中的"文本填充"按钮

图4-36 输入文本内容

右侧向下箭头，可以展开"主题颜色"色板，单击其中喜欢的颜色即可应用到艺术字，如图4-37所示，此时艺术字呈现黑色文本填充。

图4-37 设置文本填充

还可以通过"文本边框"按钮设置艺术字轮廓的颜色和粗细等格式。

通过"文本效果"按钮，可以设置艺术字的阴影效果、映像效果以及三维效果等，如图4-38所示。

图4-38 设置映像效果

与设置图片格式的操作类似，艺术字也可以通过右侧的任务窗格设置更多细节参数，从而改变艺术字的效果，如图4-39所示就是通过右键快捷菜单中的"设置形状格式"命令打开的任务窗格。在这里可以设置艺术字的发光效果、柔化边缘、阴影效果、映像效果以及三维效果等。

图4-39 "设置形状格式"窗格

4.3.3 插入文本框

当我们需要在演示文稿中输入文本内容时，需要插入文本框以在合适的地方添加文本，下面我们就来学习插入文本框的方法。

单击"插入"选项卡中的"文本框"按钮，选择"横排文本框"或者"垂直文本框"选项便可插入文本框（这里我们选择"横排文本框"），在文本框中输入相应的文本内容，如图4-40所示。

图4-40 添加横排文本框

4.3.4 设置文本框格式

在PowerPoint 2016中，用户还可以设置文本框中的文字环绕方式、边框、底纹、大小和版式等参数。

单击"格式"选项卡,在"形状样式"列表框中选择相应的形状样式,如图4-41所示,即可随心所欲地设置义本框格式。

图4-41 设置文本框格式

01 单击选择文本框,为其设置形状填充效果。

02 单击"格式"选项卡,利用"形状样式"分组中的"形状填充"下拉列表,设置文本框的填充颜色,如图4-42所示。

图4-42 设置形状填充

03 使用同样的方法将所有的文本框设置相应的填充颜色,如图4-43所示。

图4-43 为不同的文本框设置形状填充后的效果

4.4 在幻灯片中使用形状

在PowerPoint中，可以绘制一些现成的形状，如矩形、圆形和箭头等。对于已经绘制的形状，还可以进一步进行编辑并设置图形效果。

4.4.1 绘制形状

PowerPoint 2016为我们提供了许多默认的图形样式预设，用户可以根据需要选择合适的图形插入到幻灯片中。

插入图形形状的具体操作如下：

01 新建一个演示文稿，单击"插入"选项卡的"插图"组中的"形状"按钮，在弹出的菜单中可以预览到各种各样的图形样式，如图4-44所示。

图4-44 图形形状

02 选择一种形状，如"椭圆"。在幻灯片中按住Shift键拖动鼠标即可绘制一个正圆形，如图4-45所示。

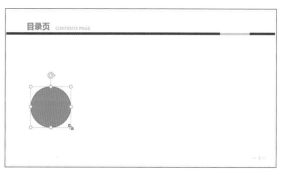

图4-45 绘制圆形

91

03 利用插入形状功能，在页面中插入多个正圆形以及箭头，如图4-46所示。

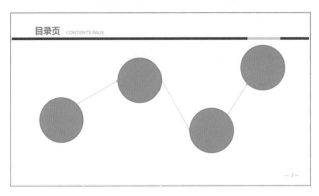

图4-46 绘制多个圆形与箭头

4.4.2 编辑形状

当形状插入之后，还可以在形状中添加文字，修改形状样式和格式。对形状进行编辑，可以利用"格式"选项卡中的按钮。要进行更详细的格式设置，还可以通过"设置形状格式"任务窗格进行完成。

1. 设置形状样式

01 首先介绍为形状添加文本。

右击需要添加文字的形状，在弹出的快捷菜单中选择"编辑文字"命令，即可在当前的形状中显示插入点，表示可以在形状中输入文字内容，如图4-47所示。

图4-47 编辑文字

此时，在形状中添加文本内容，并且可以设置文本的字体格式。

02 通过功能区选项修改形状样式。

选中需要修改样式的形状，单击"格式"选项卡中的"形状样式"列表框右侧的"其他"按钮，在列表中选择一种内置的形状样式即可，如图4-48所示。

图4-48 设置形状样式

另外，还可以通过"形状样式"组中的命令按钮设置形状的填充效果、形状轮廓、阴影效果、映像效果以及三维效果等。

03 通过"设置形状格式"窗格修改形状格式

右击需要修改格式的形状，在弹出的快捷菜单中单击"设置对象格式"命令，打开"设置形状格式"任务窗格。在"填充""线条"子选项卡中设置填充颜色以及边框轮廓，如图4-49所示。

图4-49 设置形状格式

接下来，选中页面中的箭头，设置线条的效果。

2. 合并形状

在实际幻灯片制作过程中，PowerPoint 2016所内置的形状并不能够满足用户的需求，例如图4-50中段落左边的小便笺形状。想要实现这个效果，可以在内置形状的基础上进一步编辑，就可以顺利得到。具体操作步骤如下。

01 利用形状功能绘制一个"泪滴形"和一个"正圆形"，将"泪滴形"旋转，将正圆形放置在"泪滴形"的上方中心位置，如图4-51所示。

图4-50 段落前带有小便笺形状　　　　　图4-51 绘制两个形状

02 选择"泪滴形",再按住Ctrl键选择"圆形",单击"格式"选项卡中的"合并形状"向下箭头,在列表中选择"剪除"选项,如图4-52所示。

图4-52 选择"剪除"选项

03 为图形添加一个白色边框和阴影的效果,即可制作完毕,如图4-53所示。

利用"合并形状"中的各种选项,还可以实现下列几种图形效果,如图4-54所示。大家可以自行尝试一下不同类型的合并效果,这里不再赘述了。

图4-53 设置边框和阴影效果　　　　　图4-54 几种合并形状效果

3. 组合与对齐形状

如果多个对象被"组合"为一组,当移动、缩放或者改变这个组合的属性时,本组合中所有对象的属性都会发生相同的移动、缩放或者改变,而且组合内各个对象的相对位置不会发生改变。选中多个对象后右击,就可以在弹出的快捷菜单中"组合"多个对象或将一个"组合"打散,如图4-55所示。另外,还可以通过"格式"选项卡中的"组合"按钮来"组合"多个对象,如图4-56所示。

图4-55 组合对象

图4-56 "组合"下拉列表

　　"对齐"可以实现多个对象的边缘精确对齐，这些"对齐"选项可以在"开始"选项卡的"排列"按钮的下拉列表中找到，也可以在"格式"选项卡中的"对齐"下拉列表中找到，如图4-57所示。这些"对齐"选项不仅比手工对齐效果更好，而且要高效很多，使用"对齐"选项快速完成各种对齐效果如图4-58所示。

图4-57 "对齐"选项

图4-58 使用"对齐"选项快速完成各种对齐效果

4. 编辑顶点

通过形状的合并以及组合，可以绘制不少形状，但是你知道图4-59是怎么绘制的吗？

其实，图4-59的形状是通过编辑顶点绘制而成的，以此为例。

首先插入一个矩形，右击矩形，在弹出的快捷菜单中选择"编辑顶点"命令，此时矩形边沿出现了4个顶点和红色的路径线。顶点可以删减、增加以及随意拖动。顶点选定后，在其两侧会出现两个控制手柄，通过调整控制手柄的长度和方向即可调节相交于顶点的两个边的曲率和曲率半径。

在路径线上右击，在弹出的快捷菜单中选择"添加顶点"命令（或者按住Ctrl键同时单击路径线，即可添加新顶点），拖动新添加的顶点到合适的位置，即可得到所需的形状，如图4-60所示。

图4-59 不规则的形状　　　　　　　　　　　图4-60 绘制过程

4.5 在幻灯片中使用SmartArt图形

SmartArt图形是信息和观点的视觉表现形式，可以通过在多种不同布局中进行选择来创建SmartArt图形，从而快速、轻松和有效地传达信息。

4.5.1 创建SmartArt图形

在PowerPoint 2016中可以插入SmartArt图形，其中包括列表图、流程图、循环图、层次结构图、关系图、矩阵图、棱锥图和图片等。创建SmartArt图形的具体操作步骤如下。

01 打开需要插入SmartArt图形的幻灯片，单击"插入"选项卡的"插图"组中的SmartArt按钮，弹出"选择SmartArt图形"对话框，在左侧选择SmartArt图形的类型，如"循环"，在中间选择"基本射线图"，右侧将显示该布局的详细信息，如图4-61所示。

图4-61 "选择SmartArt图形"对话框

02 单击"确定"按钮，即可创建出相应的SmartArt图形，如图4-62所示。

图4-62 创建SmartArt图形

03 单击圆形中间的"文本"字样添加文本内容，并设置文本格式，即可完成SmartArt图形的创建，如图4-63所示。

图4-63 添加文本

4.5.2 设置SmartArt

在幻灯片中插入SmartArt图形后，用户可以根据实际需要，改变SmartArt图形的布局、形状、大小、位置和设置SmartArt图形的外观样式等。

接下来，在已创建的SmartArt图形的基础上添加两个形状，并添加新的文本内容，设置SmartArt图形样式。具体操作步骤如下：

01 添加形状：单击基本射线图形中的"销售代理商"图形，单击"设计"选项卡中的"添加形状"按钮的向下箭头，在弹出的下拉列表中选择"在后面添加形状"选项，如图4-64所示，并再次重复此操作。

图4-64 "添加形状"选项

02 利用文本窗格输入文本：单击"设计"选项卡中的"文本窗格"按钮，即可打开SmartArt图形的文本窗格。在文本窗格中输入新的文本内容，注意文本输入的顺序，如图4-65所示。

图4-65 "在此处键入文字"窗格

03 更改SmartArt版式：如果对选择的图形版式不是很满意，还可以通过"设计"选项卡的"版式"列表框中的各种版式样式进行更改，如图4-66所示。这里仅为大家演示一下修改版式的方法，更改后还恢复到前一步的版式。

图4-66 更改版式

04 更改SmartArt样式：选择SmartArt图形，单击"设计"选项卡的"SmartArt样式"列表框中的一种样式，结果如图4-67所示。

图4-67 更改SmartArt图形样式

05 更改颜色：单击"设计"选项卡中的"更改颜色"向下箭头，在列表中选择一种颜色样式，单击直接应用即可，如图4-68所示。

图4-68 更改颜色

06 通过任务窗格设置SmartArt图形样式：右击SmartArt图形，在弹出的快捷菜单中单击"设置对象格式"命令，打开"设置形状格式"窗格，在窗格中可以设置更多效果，如形状的填充颜色、边框轮廓、阴影效果、三维效果以及文本效果等，如图4-69所示。

图4-69 "设置形状格式"窗格

4.5.3 将现有图片转换为SmartArt图形

如果对默认的SmartArt图形不满意，想利用自己喜欢的图片生成SmartArt图形也很简单。

首先在幻灯片中插入所有需要转换的图片并全选，单击"格式"选项卡，选择"图片样式"选项卡中的"图片版式"，如图4-70所示，即可生成相应的SmartArt图形，效果如图4-71所示。

图4-70 单击"图片版式"按钮

图4-71 转换后效果

4.6 图片应用之禁区

现在的PPT制作越来越注重"简单即是美"的原则，好的图片就是PPT的灵魂。但由于大多数PPT的制作者都不是设计出身，因此经常可以看到在许多PPT中图片的选取不当。下面就简单介绍图片应用的几个禁区，希望帮助大家更好地在PPT中运用图片。

禁区一：忌图片特效过多

PPT中预设了多种快速样式，如果总想标新立异，追求特殊样式，每张图像都应用不同的样式，反而会搬起石头砸自己的脚，好好的内容变得乱七八糟，如图4-72所示。反观如图4-73所示的页面没有多余的样式设置，整体简简单单，显得整齐干净，更加美观。

图4-72 添加多种特效

图4-73 不做特效的图片

禁区二：选择缺乏内涵的图库照片

许多PPT的作者为了方便，直接使用软件中自带的图库照片，如图4-74所示，显得非常庸俗，缺乏新意。在选取图片时，应该尽可能使用真实的照片，真实的照片不一定好看却非常可信，其所带来的震撼效果也是图库照片所无法比拟的。

图4-74 图库照片与真实照片的对比效果

同样都是关于污染的图片，带给观众的视觉震撼却是完全不同的。

禁区三：图片布局的随意

图片布局是否合理对于信息是否能清晰传递有很大的影响，布局本身很能反映问题。图片的不同布局能给观众带来疲劳、紧张和愉悦等截然不同的感觉。

如图4-75和图4-76所示，均是相同的图片，由于排版和布局的不同，一个给人不忍卒睹之感，另一个却让人感到赏心悦目。由此可见图片布局的重要，还望用户多多练习掌握。

图4-75 凌乱的布局

图4-76 规整的布局效果

4.7 实例：SmartArt图形的巧妙应用

本实例介绍SmartArt图形的应用方法：

01 打开素材文件：第4章/效果文件/实例1.pptx，激活第11页幻灯片，单击"插入"选项卡中的SmartArt选项，打开"选择SmartArt图形"对话框，从左侧图形类型中选择"关系"选项，在中间的图形中选择"射线列表"图标，如图4-77所示。

图4-77 "选择SmartArt图形"对话框

02 单击图形左侧圆形中的图片占位符，如图4-78所示。

图4-78 单击左侧圆形中的图片占位符

03 打开"插入图片选项"对话框，单击"来自文件"选项右侧的"浏览"按钮，如图4-79所示。

图4-79 单击"浏览"按钮

04 打开"插入图片"对话框,根据图片文件的存储路径找到图片并单击,然后单击"插入"按钮,如图4-80所示。

图4-80 "插入图片"对话框

05 右击右侧的圆形,在弹出的快捷菜单中选择"添加形状"命令,如图4-81所示。

图4-81 单击"添加形状"命令

06 成功添加到6个圆形，如图4-82所示。

图4-82 添加到6个圆形

小提示：

在添加形状的过程中，遇到不能添加同级别形状的时候，可以单击"设计"选项卡的"创建图形"组中的"添加形状"按钮右侧的向下箭头，选择"在下方添加形状"选项，然后单击"升级"按钮，如图 4-83 和图 4-84 所示。

图4-83 单击"在下方添加形状"选项

图4-84 单击"升级"按钮

07 设置6个圆形的大小为3.36cm×3.36cm；左侧图片的大小为3.49cm×3.49cm，如图4-85所示。

图4-85 设置圆形尺寸

08 添加文本内容：单击"SmartArt图形"边框最左侧的折叠按钮，展开"文本窗格"，在窗格中输入文本内容，如图4-86所示。如果要在同一形状中折行，可以按Shift+Enter快捷键，然后输入文本。

图4-86 添加文本

09 单击选择整个图形，在"设计"选项卡的"SmartArt样式"组中，通过样式列表框选择我们需要的样式，这里选择"中等效果"选项，如图4-87所示。

图4-87 设置图形样式

10 单击"SmartArt样式"组中的"更改颜色"向下箭头，在展开的颜色面板中选择"彩色填充-个性色6"选项，SmartArt图形即可制作完毕，如图4-88所示。

图4-88 更改颜色

第 5 章

在幻灯片中添加多媒体
——让你的幻灯片丰富多彩起来

内容导读：前面已经介绍了如何在幻灯片中加入所要表达的文本，但是让人觉得太平淡了。如果在幻灯片中加入声音或动画等多媒体将会使幻灯片具有更强的感染力，使幻灯片的内容更加丰富。本章将详细介绍PowerPoint 2016中如何高效便捷地使用多媒体。

通过本章的学习，您将掌握以下内容：

- 声音的添加与属性设置
- 视频和动画的插入
- 录制屏幕的使用

5.1 在幻灯片中添加声音

在幻灯片中添加声音的来源有很多，既可以是电脑上下载的声音，也可以是自己录制的声音。下面分别对这两种方式进行详细介绍。

5.1.1 添加电脑上下载的声音

在幻灯片制作过程中，可以插入外部的声音文件，具体操作步骤如下：

01 打开需要插入声音的幻灯片，单击"插入"选项卡的"媒体"组中的"音频"按钮，在弹出的下拉列表中选择"PC上的音频"选项，如图5-1所示。

图5-1 选择"PC上的音频"选项

02 在弹出的"插入音频"对话框中选择需要插入的声音文件，然后单击"插入"按钮，如图5-2所示。

图5-2 选择需要插入的声音文件

03 直接将声音文件应用到该幻灯片中，同时显示播放控制条。通过调整声音图标四周的控点来控制大小和位置，如图5-3所示。

图5-3 插入声音文件后的幻灯片

5.1.2 在幻灯片中录制声音

在幻灯片中还可以根据需要自己录制声音，录制的具体步骤如下：

01 打开需要插入声音的幻灯片，单击"插入"选项卡的"媒体"组中的"音频"按钮，在弹出的下拉列表中选择"录制音频"选项，如图5-4所示。

图5-4 选择"录制音频"选项

02 在弹出的"录制声音"对话框中，根据需要设定录制声音的名称，单击"录制"按钮开始录制。录制完毕之后，单击"停止"按钮停止录制，可以单击"播放"按钮进行声音的播放，如图5-5所示。

图5-5 设置"录制声音"对话框

5.2 设置声音属性

在幻灯片中插入声音文件后，可以根据需要对声音文件的基本属性进行设置和更改。下面对声音属性的设置步骤进行详细介绍。

5.2.1 设置声音播放音量

声音文件最基本的属性就是音量，下面将详细介绍在幻灯片中设置声音播放音量的具体操作步骤。

01 选中插入成功的声音文件，这时功能区会自动添加一个"音频工具"选项卡，包括"格式"和"播放"子选项卡。单击"播放"选项卡的"音频选项"组中的"音量"按钮，如图5-6所示。

02 在弹出的下拉列表中有"低""中""高"和"静音"4个选项，如图5-7所示，用户根据需要自行选择设置音量的大小。

图5-6 选择"音量"按钮

图5-7 设置音量属性

小技巧

在设置声音文件的音量属性时，用户还可以采用下面这种更加快捷的方式，单击幻灯片中的声音图标，在弹出的声音播放控制条中利用 🔊 图标来控制声音的音量大小。

5.2.2 设置声音的隐藏

在幻灯片放映的过程中还可以将声音图标隐藏，具体操作步骤如下：

01 单击选中声音图标，在"播放"选项卡的"音频选项"组中，勾选"放映时隐藏"复选框，如图5-8所示。

02 此时，在幻灯片放映时将看不到声音文件的图标。为了使隐藏图标之后还能自动播放声音文件，需要勾选"播放"选项卡的"音频选项"组中的"开始"复选框，设为"自动"，如图5-9所示。

图5-8 勾选"放映时隐藏"复选框　　　图5-9 设置音频播放开始效果为"自动"选项

用户可以放映幻灯片查看效果，音频会在选定幻灯片出现时自动播放，并且放映过程中将看不到音频图标。

5.2.3 设置声音连续播放

在幻灯片放映时如果需要声音文件一直处于播放状态，则可以将声音文件设为循环播放模式，具体操作步骤如下：

01 单击选中声音图标，在出现的"播放"选项卡的"音频选项"组中勾选"循环播放，直到停止"复选框，如图5-10所示。

02 如果需要使声音文件在整个幻灯片放映过程中都能循环播放，而不是只在选定幻灯片上循环播放，需要勾选"跨幻灯片播放"复选框，如图5-11所示。

图5-10 勾选"循环播放，直到停止"复选框　　　图5-11 勾选"跨幻灯片播放"复选框

03 用户可以放映幻灯片查看效果，音频文件会在播放开始后一直循环播放，直到幻灯片放映完。如果用户不希望声音文件循环播放，取消勾选"循环播放，直到停止"和"跨幻灯片播放"复选框即可。

5.2.4 设置播放声音模式

在幻灯片放映声音文件时，还可以通过直接设置声音播放的模式来控制声音播放效果。单

击选中声音图标，在出现的"播放"选项卡的"音频样式"组中找到"无样式"按钮和"在后台播放"按钮，如图5-12所示。下面对这两种模式的区别进行简单的介绍。

● 无样式：单击"无样式"按钮，表示将音频文件播放设为单击开始播放。

图5-12 找到"音频样式"组

● 在后台播放：单击"在后台播放"按钮，表示将音频文件在幻灯片放映过程中设为隐藏，自动开始播放音频，并且音频播放设为连续播放。

5.3 使用动画

在幻灯片中，除了添加音频文件之外，还可以添加动画来丰富幻灯片的内容。动画主要介绍GIF动画和Flash动画，下面进行详细操作步骤的介绍。

5.3.1 插入GIF动画

GIF动画是一种图像文件格式的文件，是将多幅图像保存为一个图像文件，从而形成了动画。在幻灯片中插入GIF动画的步骤如下所示：

01 选中需要插入GIF动画的幻灯片，单击"插入"选项卡的"图像"组中的"图片"按钮，如图5-13所示。

02 在弹出的"插入图片"对话框中，将文件类型设置为"所有图片"，同时选择要插入的GIF动画，然后单击"插入"按钮即可，如图5-14所示。

图5-13 单击"图像"组中的"图片"按钮

图5-14 "插入图片"对话框

03 用户可以像对待图片一样，移动和调整GIF图片的位置和大小。

04 用户可以放映幻灯片查看效果，GIF动画会自动播放。

5.3.2 插入Flash动画

Flash动画具有小巧灵活的优点，用户可以在幻灯片中插入扩展名为.swf的Flash动画文件。具体操作步骤如下：

01 选中需要插入Flash动画的幻灯片。

02 单击"文件"选项卡，然后在弹出的菜单中选择"选项"命令，出现"PowerPoint选项"对话框。

03 单击左侧的"自定义功能区"选项，在右侧的列表框内选中"开发工具"复选框，然后单击"确定"按钮。

04 切换到功能区中的"开发工具"选项卡，在"控件"组中单击"其他控件"按钮，如图5-15所示。出现如图5-16所示的"其他控件"对话框，选择Shockwave Flash Object，并单击"确定"按钮。

图5-15 单击"其他控件"按钮　　　　图5-16 "其他控件"对话框

05 在幻灯片上拖动以绘制控件，通过拖动尺寸控点调整控件大小。右击绘制的控件，在弹出的快捷菜单中选择"属性表"命令，如图5-17所示。出现如图5-18所示的"属性"对话框。

图5-17 选择"属性表"命令　　　　图5-18 "属性"对话框

06 在"按字母顺序"选项卡上单击Movie属性，在右侧的框中输入要播放的Flash文件的完整驱动器路径和文件名。

07 要嵌入Flash文件以便与其他人共享PPT，可将EmbedMovie属性设置为True，否则设置为False。

08 放映此幻灯片，即可播放动画，如图5-19所示。

图5-19 播放动画

5.4 插入屏幕录制

当用户要讲解一个软件的使用方法时，可以通过录制屏幕的方式。以前需要在电脑上安装专门录制屏幕的软件（如录屏大师、Camtasia Studio等），现在PowerPoint 2016就提供了录制屏幕的功能，可以将录制的屏幕直接插入到幻灯片中。

01 打开要插入的幻灯片，单击"插入"选项卡的"媒体"组中的"屏幕录制"按钮，如图5-20所示。

图5-20 单击"屏幕录制"按钮

02 此时，切换到要录制屏幕的窗口，单击"录制"工具栏中的"选择区域"按钮，在屏幕上选择要录制的区域（以红色虚线标注），然后单击"录制"按钮，如图5-21所示。

图5-21 单击"录制"按钮

03 接下来，开始操作要录制的内容。录制完毕后，按快捷键Windows+Shift+Q停止录制。

04 此时，录制的屏幕操作内容自动插入到幻灯片中，如图5-22所示。单击播放控制条中的"播放"按钮，可以查看录制的内容。

图5-22 插入录制屏幕

5.5 实例：为幻灯片添加视频和音频

下面根据本章关于添加视频和音频的操作步骤，为本章中的"实例1.pptx"添加电脑中的视频和音频，具体操作步骤如下：

01 打开素材文件"实例1.pptx"，选中第4张幻灯片。切换到"插入"选项卡，单击"视频"下拉按钮，在弹出的下拉列表中选择"PC上的视频"，如图5-23所示。

图5-23 单击"PC上的视频"选项

02 在打开的"插入视频文件"对话框中，根据视频文件存储路径找到文件，选中并单击"插入"按钮，如图5-24所示。

图5-24 插入PC上的视频

03 插入视频后，选中视频并使用鼠标左键拖动视频的控制点，调整视频窗口的尺寸，并调整视频摆放位置，如图5-25所示。

图5-25 调整视频尺寸与位置

04 选中视频，通过"格式"选项卡的"视频样式"组的样式库选择一种视频样式，单击应用到当前视频，如图5-26所示。

图5-26 添加视频样式

05 如果视频过长，需要进行视频剪裁。单击"播放"选项卡，在"编辑"组中单击"剪裁视频"按钮，打开"剪裁视频"对话框。单击视频下方中间的"播放"按钮，播放视频，根据播放的时间选择剪裁长度与位置。例如，需要将"00:20.112"之后的视频都删除，这里可以将"00:20.112"输入到"结束时间"编辑框中，如图5-27所示。

06 在"播放"选项卡的"编辑"组中设置"淡出"时间为"01.00";然后通过"播放"选项卡的"视频选项"组中的各种选项命令,设置"开始"选项为"自动",并勾选"播完返回开头"复选框,如图5-28所示。

07 通过"插入"选项卡中的"音频"下拉列表,选择"PC上的音频"选项,根据音频文件的存储路径找到并插入音频文件。与剪辑视频的方法类似,通过"播放"选项卡的"剪裁音频"选项,利用音频的播放选择需要的音频"开始时间"和"结束时间",单击"确定"按钮即可,如图5-29所示。

图5-27 剪辑视频

图5-28 设置"播放"选项

图5-29 插入并剪辑音频

08 在"播放"选项卡的"音频样式"组中,单击"在后台播放"选项,如图5-30所示。

图5-30 设置"在后台播放"效果

这样音频和视频均添加完毕。用户可以自行尝试添加一些自己喜欢的视频并进行剪辑。

5.6 提高办公效率的诀窍

在幻灯片中插入多媒体文件会让幻灯片变得丰富多彩,掌握多媒体的添加在PPT制作中非常重要。根据笔者制作幻灯片的经验来看,有以下诀窍与用户交流。

1. 注意调节多媒体的音量

在幻灯片中插入多媒体时,播放的音量要根据幻灯片演示环境以及演讲者音量调节,确保播放清晰、不嘈杂。

2. 尽量不要使视频文件满屏显示

在插入视频文件和动画时,最好不要使图标控件满屏。因为在幻灯片放映时,单击鼠标一般都会有一些动作或其他效果,控件满屏时可能会丢失鼠标单击的效果,例如控件满屏时单击鼠标可能只是暂停多媒体播放,而不能切换幻灯片放映。

3. 视频的压缩

通过上面的例子,可以清楚地了解视频的剪裁功能。除了这项功能之外,还可以对视频进行压缩。

操作方法是,单击"文件"选项卡中的"信息"选项,单击"压缩媒体"按钮,这样可以缩小作品占用的空间,如图5-31所示。

图5-31 "压缩媒体"选项

4. 视频的跳跃播放

如果一段视频过长或者部分内容不重要等，我们需要根据实际情况来播放视频的几个片段。如果将这段视频分别剪裁为一个个的小片段显然是非常麻烦的。下面将教大家一个简单的方法解决类似的问题。

具体操作步骤如下：

01 插入视频文件，在需要播放的第一片段的位置单击，选定播放位置，然后单击"播放"选项卡中的"添加书签"按钮，如图5-32所示。

图5-32 添加书签

02 切换到"动画"选项卡，选择"动画"效果为"搜寻"，书签的动画即可添加成功，如图5-33所示。

图5-33 为书签添加动画效果

03 用同样的方法设置余下的书签。需要注意的是，书签的设置动画方法有所不同，在设置时，请单击"添加动画"按钮，然后在弹出的动画列表中选择"搜寻"，而不能像上一步直接选择"搜寻"，如图5-34所示。

图5-34 通过"添加动画"按钮添加动画效果

04 设置完成后播放幻灯片。在播放时按右方向键或者上下方向键就会跳到书签的位置进行播放，从而实现跳跃播放效果。

第6章

动画设计与交互功能

——让你的PPT动起来

内容导读：演示文稿制作的最终用途是要将演示文稿中的幻灯片放映给观众。若在幻灯片之间增加一些切换效果或为演示文稿添加一些动画、超链接设置和动作设置，可以使演示文稿的播放效果更加形象与生动，从而更好地展现幻灯片中的内容，也可以使幻灯片中一些复杂的内容逐步显示以便观众理解。本章我们就来详细介绍PowerPoint 2016中应当如何设计动画，从而使PPT更生动。

通过本章的学习，您将掌握以下内容：

- 设置幻灯片切换动画
- 为幻灯片设置动画
- 为幻灯片添加超链接
- 对幻灯片设置动作

6.1 使用预置的幻灯片切换动画

幻灯片切换动画是指两张连续幻灯片之间的过渡效果，也就是从前一张幻灯片转到下一张幻灯片之间要呈现什么样貌。幻灯片切换动画可以使幻灯片的放映效果更加生动形象，增强幻灯片的吸引力。PowerPoint 2016中的换片方式包括细微型、华丽型和动态内容三大类。细微型的切换效果和PowerPoint较早版本的切换效果类似，动态效果细微；华丽型切换效果的动态效果比较炫丽，富有视觉冲击力；动态内容的切换效果为幻灯片中的内容元素提供动画效果，如果前后两张幻灯片的背景图片一致，那么用户会感觉切换过程中只是内容元素出现了动态效果。用户可以为幻灯片设置预置的幻灯片切换动画，下面具体介绍操作方法。

01 选择要设置切换动画的幻灯片，单击"切换"选项卡的"切换到此幻灯片"组中的"其他"按钮，如图6-1所示。

图6-1 设置幻灯片切换效果

02 在弹出的下拉列表中选择需要切换的动画，如图6-2所示。设置完毕后，在幻灯片编辑区中预览到该效果。

图6-2 选择切换效果

03 每一种幻灯片切换方式对应不同的效果选项，单击"切换到此幻灯片"组右侧的"效果选项"，即可进行设置，如图6-3所示，比如"淡出"切换效果就有"平滑"和"全黑"两种效果选项可选，用户可以自行设置体会。

图6-3 设置效果选项

6.2 自定义幻灯片切换动画

用户可以对演示文稿的切换动画进行个性化的设置，包括设置幻灯片切换的声音效果、切换的速度以及切换的方式，下面进行详细介绍。

6.2.1 设置幻灯片切换的声音效果

切换的声音效果可以使幻灯片演示得更加形象，同时可以吸引受众的注意力，设置幻灯片切换的声音效果的操作方式如下：

01 选择要设置幻灯片切换的声音效果的幻灯片，在"切换"选项卡的"计时"组中单击"声音"选项右侧的向下箭头，如图6-4所示。

02 在弹出的下拉列表中选择需要设置的声音切换效果，其中"播放下一段声音之前一直循环"选项代表一直播放切换效果的声音直至播放下一段声音，如图6-5所示。

图6-4 插入声音效果

图6-5 设置切换的声音效果

6.2.2 设置幻灯片切换的速度

幻灯片的切换速度即为幻灯片切换的中间过渡时间。用户可以为其设置持续的时间，从而控制幻灯片切换的速度。设置幻灯片切换速度的操作方式如下。

选择要设置切换速度的幻灯片，在"切换"选项卡的"计时"组中的"持续时间"文本框内输入幻灯片切换持续的时间，也可以单击文本框右侧的两个小三角形，每单击一次时间改变0.25秒。

6.2.3 设置幻灯片切换的方式

设置幻灯片切换的方式，可以使幻灯片在放映时按照设置的切换方式进行放映。有单击鼠标时切换与自动切换两种切换方式，下面介绍具体的操作方式。

- 单击鼠标切换：选择要设置切换方式的幻灯片，在"切换"选项卡的"计时"组中勾选"单击鼠标时"复选框，如图6-6所示。此时，所选幻灯片就可以通过单击进行切换。
- 自动切换：选择要设置切换方式的幻灯片，在"切换"选项卡的"计时"组中取消勾选"单击鼠标时"复选框，勾选"设置自动换片时间"复选框，同时在其右侧输入每张幻灯片持续的时间，如图6-7所示。此时，所选幻灯片就可以根据设置的换片时间自动切换。

图6-6 设置"单击鼠标时"切换　　　　　　　图6-7 设置自动切换

6.3　删除幻灯片切换效果

幻灯片切换效果的删除非常简单，直接将切换效果设置为"无"，将声音也设置为"无"即可。下面介绍删除幻灯片切换效果的具体方法。

01 选择要设置切换动画的幻灯片，单击"切换"选项卡的"切换到此幻灯片"组中的"其他"按钮，在弹出的下拉列表中选择切换效果为"无"，如图6-8所示。

02 选择要设置幻灯片切换的声音效果的幻灯片，在"切换"选项卡的"计时"组中单击"声音"选项右侧的向下箭头，在弹出的下拉列表中选择"[无声音]"，如图6-9所示。此时，即完成了幻灯片切换效果的删除。

图6-8 选择"无"切换效果

图6-9 选择"[无声音]"

6.4 设置动画

说起幻灯片动画，想必不少用户当初就是被幻灯片丰富的动画吸引而开始接触PPT。PPT的动画制作简单、效果流畅。下面就为用户介绍PPT中设置动画的具体方法。

6.4.1 使用预置动画

PPT中的预置动画包括进入、强调、退出和动作路径4大类，每一大类又包括许多种动画。为幻灯片中的元素设置预置动画的具体操作步骤如下。

01 在幻灯片中选择要设置动画效果的元素，可以是文本框、图片和图标等，然后单击"动画"选项卡的"动画"组中的"其他"按钮，在弹出的下拉列表中选择需要设置的动画效果，如图6-10所示，选择完成后幻灯片会自动预览此动画效果。

02 每一种幻灯片的动画效果对应不同的效果选项，单击"动画"组右侧的效果选项，即可进行设置，如图6-11所示，比如"飞入"动画效果就有"自底部""自左下部""自左侧""自左上部""自顶部""自右上部""自右侧""自右下部"8种效果选项可选，用户可以自行设置体会。设置动画选项后，幻灯片会自动预览此种效果选项。

图6-10 选择动画效果　　　　　　　　　图6-11 "飞入"动画效果的效果选项

6.4.2 使用更多动画

PowerPoint以前的版本预置的动画效果已经比较丰富，而PowerPoint 2016提供了更多的效果选项，用户可以根据需要进行更多的效果设置，如图6-12所示，下面将进行介绍。

为幻灯片中的元素设置更多动画的具体操作如下。

01 与在幻灯片中使用预置动画的基本操作类似，先选择要设置动画效果的元素，包括文本框、图片、图标等，然后单击"动画"选项卡的"动画"组中的"其他"按钮，出现如图6-12所示的界面，在弹出的下拉列表中选择"更多进入效果""更多强调效果""更多退出效果"或"其他动作路径"。用户可以为幻灯片选择不同的更多效果设置，对这4大类效果设置的基本操作一致。下面将以"更多进入效果"为例进行介绍。

02 用户在下拉列表中单击"更多进入效果"，此时弹出如图6-13所示的"更改进入效果"对话框，该设置界面共提供了"基本型""细微型""温和型"和"华丽型"4种类型的设置，用户可以单击这4种类型下的每种效果进行预览。选择所需的动画选项后，单击"确定"按钮，即完成了更多进入动画效果的设置。

图6-12 PowerPoint 2016中更多的动画效果

图6-13 "更改进入效果"对话框

6.4.3 使用动画刷快速复制动画效果

动画刷，顾名思义，就是将幻灯片中一个元素的动画效果复制到另一个元素之中。合理地使用动画刷能够使制作动画变得更加简单，它的使用方法和格式刷类似，下面进行具体的介绍。

01 选中想要复制动画效果的幻灯片元素，单击"动画"选项卡的"高级动画"组中的"动画刷"按钮，如图6-14所示，单击"动画刷"可以刷一次，双击可以刷多次，刷完之后再单击一下"动画刷"或者按键盘上的Esc键关闭动画刷功能就可以了。

02 单击需要改变动画效果的元素，此时即将动画效果从幻灯片中的一个元素复制到另一个元素之中。

图6-14 "动画刷"按钮

6.5 为对象设置多个动画

一些比较炫丽的动画，往往是多个动画的组合，本节为用户介绍如何为对象设置多个动画，以完成更漂亮的效果。

6.5.1 在一个对象上添加多个动画

01 首先为幻灯片中的对象设置第一个动画效果，然后单击"动画"选项卡的"高级动画"组中的"添加动画"按钮，如图6-15所示，在弹出的下拉列表中选择为对象设置的第二个动画效果，如图6-16所示。

图6-15 单击"添加动画"按钮

图6-16 选择动画效果

02 当设置完成后幻灯片中的对象旁会显示1、2两个标记，并且单击"动画"选项卡的"高级动画"组中的"动画窗格"按钮，可以在动画窗格中看出该对象有两个动画效果，如图6-17所示。

图6-17 设置两个动画效果

6.5.2 调整多个动画的顺序

当幻灯片中的动画较多，就涉及设置动画的顺序问题，下面就来具体介绍调整多个动画顺序的操作方法。

01 单击"动画"选项卡的"高级动画"组中的"动画窗格"按钮，此时在幻灯片编辑窗口右侧出现如图6-17所示的动画窗格。

02 在动画窗格中，单击选中需要调整顺序的动画效果，然后单击动画窗格右上角的上下两个小三角 ︿ ﹀，或者按住鼠标左键不放拖动到适当位置，再松开鼠标即可。

6.5.3 设置动画的细节

为幻灯片中的元素添加完动画效果之后，用户还可以设置动画的细节，包括效果、计时等，下面具体介绍操作方法。

01 在动画窗格中选中需要设置的动画，双击鼠标左键，或者右击，在弹出的快捷菜单中选择"效果选项"命令，弹出以动画效果命名的对话框，如图6-18所示。

图6-18 "缩放"对话框

02 在以动画效果命名的对话框中可以对动画效果的细节进行更多的设置，每种动画效果可以设置的动画细节也会稍有不同，用户可以自行尝试设置。

6.6 使用动画触发器

动画触发器就相当于一个开关，通过这个开关可以控制PPT中的元素动画效果的开始。通过使用动画触发器，能够使PPT实现交互，为PPT增加许多亮点。下面详细介绍使用动画触发器的具体操作过程。

在本例中，实现单击页面中间图片，页面下方文本自页面底部飞入的效果，如图6-19所示，具体操作步骤如下：

01 首先为幻灯片中的对象设置第一个动画效果，自底部飞入。

图6-19 设置文本框的动画为自底部飞入

02 打开动画窗格，单击该动画效果，在"动画"选项卡的"高级动画"组中，单击"触发"按钮，在下拉列表中选择"Picture 2"，如图6-20所示。

我们还可以在以动画效果命名的对话框进行相同的设置，双击动画效果，打开对话框，如图6-21所示。单击"计时"选项卡，选中"单击下列对象时启动效果"，并在其后的下拉列表中选择"Picture 2"，然后单击"确定"按钮关闭对话框，即可完成操作。

图6-20 设置以单击图片来触发动画

图6-21 "飞入"对话框

6.7 删除对象上的动画

删除对象上的动画操作比较简单，下面介绍操作的具体方法。

打开动画窗格，选择需要删除动画的对象，按下键盘上的Delete键，或者在选择动画后单击右侧的向下箭头，在弹出的下拉列表中选择"删除"选项。

6.8 为对象设置超链接

超链接即从一个位置链接到另一个位置。PowerPoint 2016提供了功能强大的超链接功能，使用它可以在幻灯片与幻灯片之间、幻灯片与其他外界文件或程序之间以及幻灯片与网页和邮箱之间自由地转换。

6.8.1 设置内部超链接

通过设置内部超链接，可以实现演示文稿内部幻灯片之间的链接，在本例中，实现在演示文稿放映过程中，通过单击幻灯片2中的"第二章"文本框，链接到幻灯片22（第二章过渡页），下面介绍操作的具体方法。

01 选中需设置内部超链接的对象，单击"插入"选项卡，单击"链接"组中的"超链接"按钮，如图6-22所示。

图6-22 单击"超链接"按钮

02 在弹出的"插入超链接"对话框中，选择"本文档中的位置"，然后单击链接到的位置，如"幻灯片9"。此外，单击"屏幕提示"按钮可以输入屏幕提示，在幻灯片放映过程中，当鼠标指针指向插入超链接图片的范围之内可以看到提示内容。最后单击"确定"按钮完成了对超链接的设置，如图6-23所示。

图6-23 "插入超链接"对话框

6.8.2 设置外部超链接

通过设置外部超链接，可以将演示文稿内部的幻灯片之间与外部文件链接起来。在本例中，实现在演示文稿放映过程中，通过单击幻灯片中的图片，链接到外部文件"员工培训实务.docx"，下面介绍操作的具体方法。

01 选中需设置外部超链接的对象，即幻灯片中的图片，单击"插入"选项卡，单击"链接"组中的"超链接"按钮，如图6-24所示。

图6-24 选择幻灯片中的图片

02 在弹出的"插入超链接"对话框中，选择"现有文件或网页""当前文件夹"，然后在查找范围中选择链接到的文件，即电脑中保存的"员工培训实务.docx"。此外，也可以设置屏幕提示，最后单击"确定"按钮，即完成了对超链接的设置，如图6-25所示。

6.8.3 设置网页超链接

通过设置网页超链接，可以将演示文稿内部的幻灯片与网页链接起来。在本例中，实现在演示文稿的放映过程中，通过单击幻灯片中的"激励方法集萃"图片，链接到百度百科中对激励方法介绍的网页。

01 选中需设置网页超链接的对象，单击"插入"选项卡，单击"链接"组中的"超链接"按钮。

02 在弹出的"插入超链接"对话框中，选择"现有文件或网页""浏览过的网页"，然后在"地址"文本框输入网页地址。单击"确定"按钮完成对超链接的设置，如图6-26所示。

6.8.4 设置邮箱超链接

通过设置邮箱超链接，可以将演示文稿内部的幻灯片与电子邮件链接起来，在本例中，实现在演示文稿的放映过程中，通过单击幻灯片中的图片，启动Outlook，向××××××@163.com发送主题为"与我联系"的电子邮件，下面介绍操作的具体方法。

01 选中要链接邮箱的对象，然后单击"插入"选项卡的"链接"组中的"超链接"按钮。

02 在弹出的"插入超链接"对话框中选择"电子邮件地址"，然后输入电子邮件收件人的地址和主题。单击"确定"按钮完成对邮箱超链接的设置，如图6-27所示。

图6-25 设置外部超链接

图6-26 设置网页超链接

图6-27 设置邮箱超链接

6.8.5 删除超链接

删除超链接的操作比较简单,下面介绍操作的具体方法。

01 选择包含超链接的文本或图形,然后单击"插入"选项卡的"链接"组中的"超链接"按钮。

02 在弹出的"编辑超链接"对话框中,PowerPoint 2016会根据超链接类型自动跳转到相应的设置界面,用户只需单击"删除链接"按钮即可。

6.9 │ 为对象设置动作

演示文稿制作好之后,演讲者在放映的过程中通过操作幻灯片上的对象去完成下一步的某项既定工作,这项既定工作就是该对象的动作。动作的设置会使幻灯片的放映更加灵活。下面将对在幻灯片中为对象设置动作进行详细的介绍。

6.9.1 设置单击鼠标时的动作

在PPT中,可以为对象设置单击鼠标时的动作,具体操作步骤如下:

01 选择幻灯片中需要设置动作的对象,然后单击"插入"选项卡,单击"链接"组中的"动作"按钮,如图6-28所示。

图6-28 单击"动作"按钮

02 在弹出的"操作设置"对话框中,选择"单击鼠标"选项卡,然后单击"超链接到"的位置,用户可以根据需求自定义选择超链接到的地址,如图6-29所示。

6.9.2 设置移动鼠标时的动作

从图6-29中可以看到该"操作设置"对话框中还有一个"鼠标悬停"的标签，表示幻灯片放映过程中当鼠标指针移过对象时发生的动作。具体设置方法如下：

01 选择幻灯片中需要设置动作的对象，然后单击"插入"选项卡的"链接"组中的"动作"按钮。

02 在弹出的"操作设置"对话框中选择"鼠标悬停"选项卡，如图6-30所示。

03 "鼠标移过时的动作"设置与"单击鼠标时的动作"设置操作一样，这里就不进行详细介绍，具体参考6.9.1进行操作。

图6-29 选择"超链接到"的位置

6.9.3 将动作设置为运行某个应用程序

除了将对象的动作设置为超链接地址之外，还可以将动作设置为"运行程序"，表示放映时单击对象会自动运行所选的应用程序（例如，单击某个对象会启动Windows自带的"记事本"程序），具体操作步骤如下。

01 选择幻灯片中需要设置动作的对象，然后单击"插入"选项卡的"链接"组中的"动作"按钮。

02 在弹出的"操作设置"对话框内选中"运行程序"单选按钮，用户可在文本框中输入所要运行的应用程序及其路径，也可以单击"浏览"按钮选择所要运行的应用程序，最后单击"确定"按钮，对象动作设置完成，如图6-31所示。

图6-30 单击"鼠标悬停"标签

6.9.4 设置单击动作按钮播放声音效果

除了为对象设置基本的超链接方式之外，还可以对动作设置声音效果，下面进行操作步骤的介绍。

01 选择幻灯片中需要设置动作的对象，然后单击"插入"选项卡的"链接"组中的"动作"按钮。

02 在弹出的"操作设置"对话框中，将超链接到的地址按照图6-32所示设置，然后勾选"播放声音"复选框，在下拉列表中选择一种声音，如图6-33所示。

图6-31 设置动作为运行某个应用程序

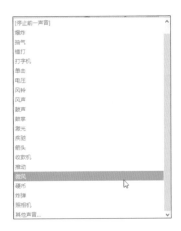

图6-32 "操作设置"对话框　　　　图6-33 "播放声音"列表选项

03 单击"确定"按钮完成动作声音效果的设置。

设置完之后，单击"幻灯片放映"选项卡的"开始放映幻灯片"组中的"从当前幻灯片开始"按钮，将进行幻灯片的放映。单击设置好动作的对象之后，即可弹出设置超链接位置。

6.10 实例：动起来吧，幻灯片

下面利用本章所学知识为一个演示文稿添加动画和链接，其具体的操作步骤如下。

01 打开本章素材文件"实例1.pptx"，选择第1张幻灯片，切换至"切换"选项卡，选择"覆盖"效果，如图6-34所示。

然后使用同样的方法按照下面的要求分别设置其他幻灯片的切换效果。

图6-34 添加切换效果

其他幻灯片的切换效果为：第2张为"门"；第3、7、11、14张为"立方体"；第4、8、12、15张为"推进"；其他页面均为"平移"。

02 选择首页中左起第一张图片，选择"动画"选项卡的"动画"组中的"其他"下拉按钮，在展开的下拉列表中选择"更多进入效果"选项，如图6-35所示，然后在"更多进入效果"对话框中选择"曲线向上"效果，单击"确定"按钮关闭对话框，如图6-36所示。

图6-35 单击"更多进入效果"选项　　　图6-36 单击"曲线向上"选项

在"计时"组中，单击"开始"右侧下拉按钮，从列表中选择"上一动画之后"选项，并设置持续时间为"0.50"，如图6-37所示。

图6-37 设置"计时"效果

03 若其他对象的动画效果需要设置为与当前相同，可以双击"动画刷"按钮，此时鼠标指针为小刷子形状，然后依次在对象上单击，如图6-38所示。

按照上面的方法，将首页中其他三张图片的动画效果也制作完毕，注意修改"计时"效果。

其他三种的"计时"效果，均将"开始"设置为"与上一动画同时"，而"延迟"效果分别设置"0.1""0.2"和"0.3"。

设置"员工在职培训之"文本框动画为"飞入"效果，设置"效果选项"为"自顶部"和"作为一个对象"，"开始"为"上一动画之后"，持续时间"0.4"。

设置"压力管理探微"文本框动画为"曲线向上"效果，设置"效果选项"为"作为一个对象"，"开始"为"上一动画之后"，持续时间"0.5"。

图6-38 使用动画刷

选择下方组合，设置动画为"飞入"和"陀螺旋"组合效果，"开始"分别为"上一动画之后"和"与上一动画同时"，"持续时间"分别为"0.5""0.3"；设置"效果选项"分别为"自顶部"和"顺时针两周"，如图6-39所示。

选择黄色星形，设置进入动画为"飞旋"效果，"开始"为"上一动画之后"，"持续时间"为"0.5"。

图6-39 设置"效果选项"

04 单击"动画窗格"按钮,打开"动画窗格",单击"播放自"按钮,预览本张幻灯片的动画效果。若发现有动画效果排列顺序有误,可以选择需要调整的对象,拖动鼠标至合适的位置即可,如图6-40所示。

图6-40 调整动画顺序

05 将目录页幻灯片中的正文文本动画效果均设置为"飞入"效果,"效果选项"均设置为"自左侧"和"作为一个对象",设置第一条目录文本的开始方式为"上一动画之后",其余设置为"与上一动画同时";"持续时间"均为"0.2";"延迟"分别为"0.0""0.1""0.2"和"0.3",如图6-41所示。

图6-41 设置动画效果

06 选择第3张幻灯片，即过渡页。选择中间竖条黄色矩形，设置动画效果为"擦除"，"自右侧"，"与上一动画同时"，"持续时间"为"0.4"。

选择左侧半透明矩形，设置动画效果为"擦除"，"自右侧"，"与上一动画同时"，"持续时间"为"0.5"，"延迟"为"0.2"。

选择图片，设置动画效果为"螺旋飞入"，"上一动画之后"，"持续时间"为"0.6"。

选择"第一章"文本框，设置"螺旋飞入"效果，"作为一个对象"，"与上一动画同时"，"持续时间"为"0.6"，"延迟"为"0.2"。

选择"为什么需要压力管理"文本框，设置动画效果为"擦除"，"自左侧"和"作为一个对象"，"上一动画之后"，"持续时间"为"0.4"。

选择横向长条橙色矩形，设置动画效果为"擦除"，"自左侧"，"与上一动画同时"，"持续时间"为"0.4"，"延迟"为"0.2"。

选择"请思考：不管理压力会怎样？"文本框，设置"擦除"效果，"自左侧"和"作为一个对象"，"与上一动画同时"，"持续时间"为"0.4"，"延迟"为"0.3"，如图6-42所示。

图6-42 设置过渡页的动画效果

然后使用上面的方法设置"第二章""第三章"以及"第四章"的过渡页动画效果。

07 接下来介绍如何设置超链接，选择第2张幻灯片中的小标题文本，单击"插入"选项卡中的"超链接"按钮，如图6-43所示。

图6-43 单击"超链接"按钮

08 弹出"插入超链接"对话框,在左侧的"链接到"列表框中选择"本文档中的位置",在"请选择文档中的位置"下拉列表框中选择正确的位置,即"幻灯片3",单击"确定"按钮,如图6-44所示。按照同样的方法,为其他3个小标题文本设置超链接。

图6-44 "插入超链接"对话框

09 选择第3张幻灯片,选择"插入"→"形状"命令,从展开的列表中选择"动作按钮:后退或前一项"选项,如图6-45所示。

图6-45 插入"动作按钮"

10 在页面右下角画出形状，弹出"操作设置"对话框，在"超链接到"下拉列表中选择"幻灯片"，在打开的对话框中选择"幻灯片2"，单击"确定"按钮，如图6-46所示。

图6-46 "操作设置"对话框

11 右击绘制动作按钮，在弹出的快捷菜单中选择"设置形状格式"命令，打开"设置形状格式"窗格，在"填充"选项中，选中"纯色填充"单选按钮，设置填充色为"黄色"，在"线条"区域中勾选"无线条"单选按钮，如图6-47所示。

图6-47 填充颜色

12 将制作完成的动作按钮复制到其他过渡页中，完成实例的制作。

6.11 提高办公效率的诀窍

1. 同时设置多个对象的动画

在对某些对象进行动画的添加时，如果这些对象有着相同的动画效果，则可以将这些对象一起选中后进行设置。

2. 播放动画后隐藏对象

如果某个对象在动画播放完成后不再需要显示，能不能将其隐藏呢？答案当然是肯定的。用户可以通过下面的方法进行操作：首先设置好动画，然后在动画窗格中双击该动画，打开该动画选项的对话框，如图6-48所示，在"动画播放后"下拉列表框中选择"播放动画后隐藏"选项，单击"确定"按钮即可。

3. 设置动画重复次数

如果想要控制某一动画播放的次数，同样可以进入动画选项的对话框中，按照如图6-49所示的方式，在"计时"选项卡中进行相应的设置即可。

图6-48 播放动画后隐藏对象

图6-49 设置播放次数

4. 通过触发器控制动画的播放

在幻灯片播放时，有时我们无法放过鼠标单击这样的事件来达到想要实现的效果。这时我们可以通过某一对象来控制另一对象的动画是否播放。这就需要用到触发器。例如，我们定义了矩形3的动画，这个动画想通过单击"矩形1"对象时播放，就可以选择矩形3，然后单击"触发"，选择"单击"→"矩形1"来实现，如图6-50所示。

图6-50 设置触发效果

第 **7** 章

制作母版与版式

——提高制作幻灯片效率的金钥匙

内容导读：母版与版式是演示文稿中非常重要的一部分，也是用户制作幻灯片进阶的必经之路。通过设置母版与版式可以快速地制作出风格统一的演示文稿，极大地方便了幻灯片的制作。本章我们就来详细介绍PowerPoint 2016中制作母版与版式的操作方法。

通过本章的学习，您将掌握以下内容：

- 认识母版
- 熟悉母版的基本操作
- 掌握创建与使用母版
- 掌握设置幻灯片的背景
- 掌握设置演示文稿的主题

7.1 认识母版

母版，顾名思义，就是演示文稿中各种幻灯片的来源。母版包含了幻灯片文本和页脚（如日期、时间和幻灯片编号等）等占位符，这些占位符控制了幻灯片的字体、字号、颜色、阴影和项目符号样式等版式要素。

7.1.1 母版的类型

母版包括幻灯片母版、讲义母版以及备注母版等，其中通常所说的母版，就是指幻灯片母版。幻灯片母版如图7-1所示。

图7-1 幻灯片母版

> **小知识：母版可以做什么**
>
> 幻灯片母版保证了幻灯片整体风格的统一，减少了幻灯片制作的时间，提高了工作效率。要将幻灯片母版设置好，新增的幻灯片都会继承母版的特征，为幻灯片制作提供了方便。

7.1.2 进入母版视图

要想对幻灯片母版进行编辑，用户首先需要进入母版视图，具体操作方法如下。

在"视图"选项卡的"母版视图"组中单击"幻灯片母版"按钮,如图7-2所示,即可进入幻灯片母版视图。

图7-2 单击"幻灯片母版"按钮

提示:退出母版视图

设置完母版后,单击"幻灯片母版"选项卡上的"关闭母版视图"按钮,即可返回到普通视图中。

7.2 母版的基本操作

母版的基本操作包括添加母版、添加版式、重命名母版、复制母版和版式,以及删除母版和版式等,下面为用户一一进行介绍。

7.2.1 添加母版

一份演示文稿可以继承多个幻灯片母版,用户可以进行添加母版的操作,具体操作方法如下。

01 进入幻灯片母版视图。

02 在"幻灯片母版"选项卡的"编辑母版"组中单击"插入幻灯片母版"按钮,即可插入新的幻灯片母版,如图7-3所示。

图7-3 添加母版

7.2.2 添加版式

添加版式是在幻灯片某个母版下添加版式,其方法与添加母版的方法类似。

01 按照7.1.2节的方法进入幻灯片母版视图。

02 单击需要添加版式的母版,在"幻灯片母版"选项卡的"编辑母版"组中单击"插入版式"按钮,即可插入新的幻灯片版式,如图7-4所示。

图7-4 添加版式

小知识：幻灯片版式和母版的区别

幻灯片版式是每种幻灯片的一种结构模型，可以让每张幻灯片按照相同的结构去填充内容，也可以让每张幻灯片的版式不相同。母版是一种带有相同格式设置以及版面结构设置的"统一版式"。

7.2.3 重命名母版

为了方便用户识别与使用幻灯片母版，PowerPoint允许用户对幻灯片母版进行重命名，具体操作方法如下。

01 按照7.1.2节所示进入幻灯片母版视图。

02 右击需要重命名的幻灯片母版，在弹出的快捷菜单中单击"重命名母版"命令，如图7-5所示，或者在"幻灯片母版"选项卡的"编辑母版"组中单击"重命名"按钮，弹出"重命名版式"对话框，输入更改的名称后单击"重命名"按钮即可，如图7-6所示。

图7-5 重命名母版

图7-6 输入名称

7.2.4 复制母版和版式

在演示文稿中可以便捷地对母版与版式进行复制，下面介绍具体的操作方法。

01 按照7.1.2节所示进入幻灯片母版视图。

02 右击需要复制的幻灯片母版，在弹出的快捷菜单中单击"复制幻灯片母版"命令，如图7-7所示，即可完成对母版的复制。右击需要复制的幻灯片版式，在弹出的快捷菜单中单击"复制版式"命令，即可完成对版式的复制，如图7-8所示。

图7-7 复制幻灯片母版　　　　图7-8 复制幻灯片版式

7.2.5 删除母版和版式

删除母版和版式的方法与复制母版与版式的方法类似，操作也十分简单，下面介绍操作的具体方法。

01 按照7.1.2节所示，进入幻灯片母版视图。

02 右击需要删除的幻灯片母版，在弹出的快捷菜单中单击"删除母版"命令，即可完成对母版的删除。右击需要删除的幻灯片版式，在弹出的快捷菜单中单击"删除版式"命令，即可完成对版式的删除。

7.3 创建演示文稿母版

幻灯片母版是一个包含初始设置（有时还有初始内容）的文件，可以根据它来新建演示文稿。母版提供的具体设置和内容有所不同，可能包括一些示例幻灯片、Logo图片、自定义颜色和字体主题，以及对象占位符的自定义定位。

一份完整的演示文稿在内容上至少包括封面版式、目录版式、正文版式以及封底版式的设计，在形式上包括配色方案、字体、背景和版式等的设计。

7.3.1 配色方案的设计

演示文稿的各个幻灯片的配色需要保持一致，可以通过设置母版的配色方案实现各个幻灯片保持配色一致，下面介绍设置配色方案的具体方法。

01 按照7.1.2节所示，进入幻灯片母版视图。

02 在"幻灯片母版"选项卡的"背景"组中单击"颜色"按钮，如图7-9所示，在弹出的颜色设置下拉菜单中选择需要的配色，如图7-10所示。用户还可以单击下拉菜单中的"自定义颜色"选项，在弹出的"新建主题颜色"对话框中自定义配色方案，如图7-11所示。

图7-9 设置配色方案   图7-10 选择配色方案   图7-11 自定义配色方案

7.3.2 字体的设计

演示文稿的字体非常重要，在幻灯片中最好使用无衬线字体，比如黑体和微软雅黑，选用合适的字体可以使幻灯片更加美观，下面介绍设置字体的具体方法。

01 按照7.1.2节所示，进入幻灯片母版视图。

02 选择需要更改字体的占位符中的文字，例如，选择标题占位符中的文字。

03 在"开始"选项卡的"字体"组中修改字体，如图7-12所示。

图7-12 更改字体

7.3.3 更改背景

背景样式是演示文稿非常重要的元素，一个美观的背景样式会为演示文稿添彩不少，下面介绍更改背景的具体方法。

进入幻灯片母版视图，选择需要更改背景的版式，在"幻灯片母版"选项卡中的"背景"组中单击"背景样式"按钮，在弹出的下拉列表中选择预置的背景样式，如图7-13所示。用户还可以单击下拉列表中的"自定义背景格式"选项，在弹出的"设置背景格式"窗格中进行背景的设置，如图7-14所示。

图7-13 设置背景样式

图7-14 设置背景格式

7.3.4 设计版式

PowerPoint 2016为用户提供了不少可供选择的版式样式，此外，用户还可以自定义版式，下面介绍设置版式的具体方法。

01 进入幻灯片母版视图。

02 选择需要更改版式的幻灯片，在"幻灯片母版"选项卡的"母版版式"组中单击"插入占位符"按钮，如图7-15所示，在弹出的下拉菜单中选择需要插入的占位符，如图7-16所示。

图7-15 插入占位符

图7-16 选择占位符

151

7.4 设置演示文稿的主题

主题是Office 2007版本以后引进的新概念，它由颜色、字体和效果以及背景样式组成。颜色可以改变调色板中的配色方案，同时也会应用到幻灯片中的所有对象中。字体可以设定演示文稿中标题和正文默认的中英文字体样式。效果可以设定阴影、棱台、发光灯不同效果的演示，可以快速应用到图形中。背景样式可以设定幻灯片中背景的效果。

7.4.1 使用内置主题

PowerPoint 2016为用户提供了多组精美的主题供用户选择，使用内置主题可以快速制作出精美的演示文稿，下面具体介绍使用内置主题的操作方法。

01 新建一个演示文稿或打开演示文稿，在"设计"选项卡的"主题"组中单击下拉按钮，弹出主题选择的下拉菜单，如图7-17所示。

图7-17 选择主题

02 用户在"主题"下拉菜单中选择需要的主题样式，单击即可应用在演示文稿中。在此，选择"平面"主题，如图7-18所示。

图7-18 演示文稿应用主题

7.4.2 创建自定义主题

PowerPoint为用户提供的内置主题可能无法满足用户个性化的需求，这时，用户可以创建新的自定义主题。下面为用户详细进行介绍。

1. 新建主题颜色

每个主题都有一个配色方案，配色方案对于幻灯片的美观程度起着基础性的作用，下面介绍设置主题颜色的具体操作方法。

01 单击"设计"选项卡的"变体"组右下角的"其他"按钮，在弹出的下拉列表中选择"颜色"选项。

02 在弹出的颜色方案选择菜单中选择需要的配色方案，如图7-19所示。

03 用户可以单击"自定义颜色"选项，在弹出的"新建主题颜色"对话框中自定义主题颜色，如图7-20所示。

图7-19 选择配色方案 　　　　　　　　图7-20 自定义配色方案

2. 新建主题字体

字体也是幻灯片中非常重要的元素，合适的字体使得演示文稿更加美观。下面为用户介绍新建主题字体的具体操作方法。

01 单击"设计"选项卡的"变体"组右下角的"其他"按钮，在弹出的下拉列表中选择"字体"选项。

02 在弹出的字体选择菜单中选择需要的字体方案，如图7-21所示。

03 此外，用户可以单击"自定义字体"选项，在弹出的"新建字体主题"对话框中自定义主题字体，如图7-22所示。

图7-21 设置字体

图7-22 自定义字体

3. 新建主题效果

效果是指演示文稿中图案形状的效果，用户可以在主题中设置效果，下面介绍新建主题效果的具体操作方法。

01 单击"设计"选项卡的"变体"组右下角的"其他"按钮，在弹出的下拉列表中选择"效果"选项。

02 在弹出的效果选择菜单中选择一种主题效果（用于指定线条与填充效果）。

4. 新建主题背景样式

幻灯片中所有其他元素都放置在背景之上，可见背景样式在演示文稿中的重要地位。下面介绍新建主题的背景样式的具体操作方法。

01 单击"设计"选项卡的"变体"组右下角的"其他"按钮，在弹出的下拉列表中选择"背景样式"选项。

02 在弹出的背景样式选择菜单中选择需要的背景样式。

5. 保存主题

用户可以保存新建的PPT主题以便日后使用，神奇的是，保存过的主题不仅能在PPT中使用，并且可以在Word、Excel等其他Office软件中使用。下面介绍保存主题的具体操作方法。

01 单击"设计"选项卡的"主题"组右下角的"其他"按钮，在弹出的下拉列表中选择"保存当前主题"选项，如图7-23所示。

02 在弹出的"保存当前主题"对话框中，选择保存位置，为主题命名，然后单击"保存"按钮，如图7-24所示。

图7-23 保存当前主题　　图7-24 "保存当前主题"对话框

7.5 实例1：制作幻灯片母版页

在制作演示文稿时，如果制作好演示文档母版，会在很大程度上提高工作效率。下面来介绍演示文档母版的制作。

01 新建一个空白演示文稿，切换到"视图"选项卡，单击"幻灯片母版"按钮，如图7-25所示。

图7-25 单击"幻灯片母版"按钮

02 进入幻灯片母版视图，选择左侧窗格的"Office主题幻灯片母版"，单击"背景样式"按钮，从展开的列表中选择"设置背景格式"选项，如图7-26所示。

图7-26 单击"设置背景格式"选项

03 打开"设置背景格式"窗格，选中"纯色填充"单选按钮，单击"颜色"向下箭头，选择"白色，背景1，深色5%"，如图7-27所示。

图7-27 选择背景填充颜色

04 选中原有所有占位符,按Delete键删除。然后切换到"插入"选项卡,单击"形状"按钮的向下箭头,在下拉列表中选择"图文框"形状,在页面中画出图形,如图7-28所示。

图7-28 单击"图文框"形状

05 单击"格式"选项卡,在"大小"组中设置"图文框"形状的尺寸:2.4cm×2.4cm,如图7-29所示。

图7-29 设置形状尺寸

06 单击"形状填充"按钮的向下箭头,在下拉列表中设置形状的填充颜色,这里设置为"橙色"。单击"形状轮廓"按钮的向下箭头,在下拉列表中选择"无轮廓",如图7-30所示。

图7-30 设置形状填充

157

07 再次使用形状工具画出一个"2.4cm×2.4cm"的正方形，放置在"图文框"形状的适当位置。先选择"图文框"，再按住Ctrl键选择"正方形"，然后单击"格式"→"合并形状"→"剪除"命令，如图7-31所示。

图7-31 单击"剪除"命令

08 使用"形状"工具中的"矩形""椭圆"和"燕尾形"（如图7-32所示）在页面的下方画出一系列形状，并设置形状格式，效果如图7-33所示。

图7-32 形状下拉列表　　　　图7-33 形状格式效果

09 在其他母版中复制一个"<#>"占位符，并设置文本格式为"白色""微软雅黑""18磅"，将其摆放在圆形的中心位置，如图7-34所示。

图7-34 添加页码占位符

10 制作首页母版：选中"标题幻灯片"，在"幻灯片母版"选项卡的"背景"组中单击"隐藏背景图形"复选框，如图7-35所示。

图7-35 隐藏背景图形

11 删除页面中占位符，使用形状工具在页面左侧中画出一个矩形并右击，在弹出的快捷菜单中选择"编辑顶点"命令，如图7-36所示。

图7-36 编辑顶点

12 此时矩形显示出4个黑色顶点，使用鼠标拖动右下角黑色控制点，向左平行移动，形成如图7-37所示的效果。

图7-37 拖动控制点改变矩形形状

159

13 右击形状，在弹出的快捷菜单中选择"设置形状格式"命令，在窗口右侧打开"设置图片格式"窗格。切换到"填充线条"子选项卡中，在"填充"区域中单击"图片或纹理填充"单选按钮，然后单击"文件"按钮，在打开的"插入图片"对话框中，根据图片的存储路径，找到并插入图片，结果如图7-38所示。

图7-38 在形状中填充图片

14 通过形状工具，在页面中间画出一个矩形，再通过编辑顶点功能，将形状编辑为"平行四边形"，设置形状格式修饰图片边缘，效果如图7-39所示。

图7-39 绘制一个平行四边形

15 在页面的右上角，单击"插入"选项卡的"文本"组中的"艺术字"按钮来插入艺术字，如图7-40所示。

图7-40 单击"艺术字"按钮

16 在文本编辑框中输入"LOGO"，通过"开始"选项卡中"字体"组中的各个选项设置文本的格式，具体设置如图7-41所示。

图7-41 修饰艺术字

17 使用形状工具，画出一个椭圆形标注，如图7-42所示。

图7-42 椭圆形标注

18 使用鼠标左键，拖动椭圆形标注最下方黄色的控制点向右调整，然后设置形状的填充颜色以及边框"无轮廓"效果，如图7-43所示。

图7-43 设置形状格式

19 使用文本框工具，为首页母版添加文本内容，并设置文本的字体、大小以及颜色，效果如图7-44所示。

图7-44 添加文本框

20 切换到"动画"选项卡，单击"动画窗格"按钮，选中"企业文化浅探"文本框，设置"飞入"动画效果，"自底部"飞入，"开始"选项设置为"上一动画之后"，"持续时间"为"0.5"，如图7-45所示。

图7-45 添加动画效果

21 制作目录页母版：选中"标题和内容"，隐藏背景图形。使用图片工具，在页面左侧插入一张素材图片，如图7-46所示。

图7-46 插入图片

22 使用形状工具，在图片右侧插入一个矩形，调整其大小，并设置填充色为"橙色"，"形状轮廓"设置为"无轮廓"，效果如图7-47所示。

图7-47 绘制矩形

23 使用文本框工具为页面添加文本内容，并设置文本格式，效果如图7-48所示。

图7-48 添加文本内容

24 制作过渡页母版：选中"节标题"，隐藏背景图形，并按照同样的方法插入素材图片，在"格式"选项卡的"调整"组中，单击"颜色"按钮向下箭头，选择"饱和度0%"图标，效果如图7-49所示。

图7-49 调整图片饱和度

25 使用形状工具添加灰色矩形，然后为页面添加文本内容，具体方法可参考上述内容，效果如图7-50所示。

图7-50 添加过渡页的文本内容

26 制作内容页母版：内容页的母版制作起来很简单，选中"两栏内容"，在灰色矩形色块中添加文本内容，并修改文本格式，效果如图7-51所示。其他内容页母版的制作只需按此方法更换下方的文本即可。

图7-51 添加文本内容

27 制作结束页母版：选中最后一页幻灯片，设置隐藏背景图形。使用图片工具，在页面上方插入一张素材图片，调整图片大小，效果如图7-52所示。

图7-52 插入图片

28 使用形状工具插入一个橙色矩形，设置形状大小，效果如图7-53所示。

图7-53 绘制矩形

29 使用形状工具在页面下方空白处适当位置，插入一条直线，设置为灰色，效果如图7-54所示。

图7-54 绘制直线

30 使用文本框工具，为页面添加文本内容，如图7-55所示。

31 母版制作完毕，使用Ctrl+S组合键将文档保存，并命名为"实例1.pptx"。

图7-55 为页面添加文本

7.6 实例2：通过母版制作幻灯片

下面我们介绍如何使用我们创建好的母版制作幻灯片。具体操作步骤如下：

01 制作首页：打开"实例1.pptx"文件，另存为"实例2.pptx"文件，此时幻灯片默认使用了首页母版，如图7-56所示。删除页面中的占位符，首页可以直接应用母版格式，无须做任何修改。

图7-56 默认应用首页母版

02 制作目录页：单击
"新建幻灯片"按钮的向下
箭头，在列表中选择第2张母
版，即"标题和内容"，如
图7-57所示。即可插入一张
应用目录页母版的幻灯片，
插入之后无须做任何修改，
可直接应用目录母版作为幻
灯片。

图7-57 新建目录页幻灯片

03 制作过渡页：新建过
渡页幻灯片，以第三张幻灯
片为版式，使用形状工具，
画一个对角圆角矩形，如图
7-58所示。调整位置（将母版
第一条目录覆盖），设置填
充颜色为"橙色"，形状轮
廓为"无轮廓"。

图7-58 插入形状

04 添加文本内容，修改文本格式，效果如图7-59所示。

图7-59 添加文本

05 制作内容页：新建以"第4张幻灯片"为版式的幻灯片，如图7-60所示。

图7-60 新建内容页幻灯片

06 在页面右侧插入一张素材图片，并调整图片位置和大小，如图7-61所示。

图7-61 插入素材图片

07 使用文本框工具添加内容页的文本内容，设置文本字体及大小等格式，效果如图7-62所示。

08 按照同样的方法添加文本内容，然后使用形状工具，在文本框下方插入一条橙色的直线，再插入一个正方形放置在直线最左端，并将两个图形进行组合操作，效果如图7-63所示。

09 在直线下方使用文本框添加三行主要内容，然后全选文本内容，在"开始"选项卡的"段落"组中添加"项目符号"，如图7-64所示。

图7-62 添加文本内容

图7-63 插入形状

图7-64 添加项目符号

10 在页面下方添加文本框，输入文本内容，设置文本字体、大小以及颜色等格式，效果如图7-65所示。第一章内容页制作完毕。

图7-65 第一张内容页效果

11 新建第二章内容页幻灯片，在页面上方添加文本框，设置文本格式，然后在页面下方利用形状工具插入一个橙色矩形，设置矩形位置以及大小等格式，效果如图7-66所示。

图7-66 插入橙色矩形

12 在橙色矩形色块中添加文本框，输入文本内容，并设置文本格式，效果如图7-67所示。

图7-67 添加文本

13 使用图片工具在页面右上角空白处插入一张素材图片，并右击图片，在弹出的快捷菜单中选择"设置图片格式"命令，如图7-68所示。

图7-68 单击"设置图片格式"命令

14 通过"设置图片格式"窗格中"填充线条"子选项卡，设置图片"线条"为"实线""白色""2.25磅"；通过"效果"子选项卡，设置图片的"阴影"为"右下斜偏移"，设置参数如图7-69所示。

图7-69 设置图片效果的具体参数

15 制作结束页：利用结束页母版新建结束页，直接使用母版样式即可，如图7-70所示。

图7-70 制作结束页

16 为幻灯片添加动画效果：选中首页，单击"切换"选项卡，在"切换到此幻灯片"组中选择"缩放"效果。

选中目录页，设置"切换"效果为"揭开"。选择过渡页，设置"切换"效果为"淡出"。选中第1张内容页，设置"切换"效果为"推进"。选中左下角文本框，设置"动画"效果为"自顶部飞入"，"开始"为"上一动画之后"，如图7-71所示。

图7-71 为第一张内容页添加动画效果

使用同样的方法为第二张内容页中下方的文本内容设置动画效果，并设置"切换"效果为"平移"。

选中结束页，设置"切换"效果为"覆盖"，即可完成整个幻灯片的制作。至于其他的内容页，用户可以自行设计，从而完成自己的演示文稿作品。

7.7 提高办公效率的诀窍

1. 在母版中添加页眉页脚

在母版视图中，单击"插入"选项卡的"文本"组中的"页眉和页脚"按钮，在弹出的对话框中进行设置即可，如图7-72所示。

图7-72 插入页眉和页脚

2. 在同一演示文稿中应用多个主题

如果用户希望在一个演示文档中应用多个主题，可以选择幻灯片后，在主题样式列表中右击需要的主题样式，在弹出的快捷菜单中选择"应用于选定幻灯片"命令，然后设置其他幻灯片的主题即可。

3. 设置主题的背景

对于应用了某个主题的幻灯片，如果想对主题的背景进行修改，或者更改该主题的背景图片，则可以通过在幻灯片上右击，在弹出的快捷菜单中选择"设置背景格式"命令，在打开的"设置背景格式"窗格中，通过填充、图片更正、图片颜色、艺术效果等选项对背景进行编辑或更换。

第8章

幻灯片放映与打包发布
——让幻灯片更好地与他人分享

内容导读：演示文稿制作完成后，就可以与他人分享了。用户可以直接将演示文稿放映出来，可以将其保存为特定的格式，也可以打印出来。与他人分享做好的幻灯片看似简单，但其中需要注意的问题也不少，本章将对幻灯片分享中的问题进行详细介绍，希望用户通过本章的学习，可以在以后分享幻灯片的过程中游刃有余。

通过本章的学习，您将掌握以下内容：

- 放映方式的设置
- 排练计时与录制幻灯片
- 打包演示文稿或创建视频的设置
- 使用电子邮件发送幻灯片
- 打印幻灯片

8.1 幻灯片放映

幻灯片放映看似简单，但是其中的学问也不少，下面具体学习幻灯片放映的知识。

8.1.1 开始放映幻灯片

1. 简单放映

幻灯片制作完成后，单击"幻灯片放映"选项卡的"开始放映幻灯片"组中的"从头开始"或"从当前幻灯片开始"按钮，即可以分别从幻灯片的首页或当前页进行放映，如图8-1所示。

2. 联机演示

PowerPoint 2016对以往版本中的广播幻灯片进行了优化，并将其命名为"联机演示"。顾名思义，联机演示可以让用户实现互联，在不同终端通过浏览器对播放的幻灯片进行观看。下面介绍在幻灯片联机演示的具体操作方法。

图8-1 放映幻灯片

01 单击屏幕右上角的"登录"按钮，登录Windows Live ID账户。如果用户没有Windows Live ID，需要首先注册。

02 单击"幻灯片放映"选项卡的"开始放映幻灯片"组中的"联机演示"按钮向下箭头，选择"Office Presentation Service"，如图8-2所示。

图8-2 Office演示文稿服务

> **提示**
>
> 用户还可以单击"文件"选项卡，在弹出的菜单中选择"共享"命令，然后单击"联机演示"选项。

02 在弹出的"联机演示"对话框中单击"连接"按钮，如图8-3所示。

03 此时，PowerPoint 2016会为用户提供一个公共链接如图8-4所示。用户可以复制链接或者通过电子邮件将链接发送给其他共享者。

图8-3 "联机演示"对话框

图8-4 链接地址

04 单击"开始演示"按钮，进入幻灯片放映视图，可以开始放映当前演示文稿的幻灯片，如图8-5所示。

05 如果远程观看者在IE浏览器中复制了刚才的链接地址，即可收听播放的幻灯片，如图8-6所示。

图8-5 播放幻灯片

3. 自定义幻灯片放映

当用户不希望幻灯片按照默认的播放设置从始至终逐页播放时，可以使用自定义幻灯片放映进行个性化的幻灯片播放设置，具体方法如下。

01 单击"幻灯片放映"选项卡的"开始放映幻灯片"组中的"自定义幻灯片放映"按钮向下箭头，选择"自定义放映"选项，如图8-7所示。

02 在弹出的"自定义放映"中单击"新建"按钮，如图8-8所示，弹出"定义自定义放映"对话框。

图8-6 正在联机播放幻灯片

图8-7 选择"自定义放映"选项

图8-8 新建自定义放映

03 在"定义自定义放映"对话框中，可以添加需要播放的幻灯片并且调整顺序，如图8-9所示。

04 设置完成后单击"确定"按钮，弹出"自定义放映"对话框。单击"放映"按钮，此时幻灯片即按用户设置的放映属性进行放映，如图8-10所示。

图8-9 设置自定义放映

图8-10 开始自定义放映

175

提示
- -
如何在放映演示文稿时跳转到自定义放映的幻灯片中呢？可以在演示过程中右击幻灯片，在弹出的快捷菜单中选择"自定义放映"命令，然后单击所需的放映方式来实现在放映演示文稿时的跳转。

8.1.2 设置放映方式

PowerPoint 2016允许用户对幻灯片放映方式进行个性化设置，用户可以使用"演讲者放映""观众自行浏览"和"在展台浏览"3种放映类型进行放映，同时可以根据需要进行更为细致的设置，下面具体介绍操作方法。

01 单击"幻灯片放映"选项卡的"设置"组中的"设置幻灯片放映"按钮，如图8-11所示。

02 在弹出的"设置放映方式"对话框中对放映方式进行设置，这里只对比较难理解的选项进行说明，如图8-12所示。

图8-11 选择"设置幻灯片放映"　　　　图8-12 设置放映方式

- 演讲者放映：这是默认的放映方式，幻灯片全屏放映，放映者有完全的控制权。
- 观众自行浏览：幻灯片从窗口放映，由观众选择要放映的幻灯片。
- 在展台浏览：这种方式可以自动放映演示文稿。每次放映完毕后，自动反复，循环放映，终止放映要按Esc键。
- 自定义放映：可以选择在上一小节中设置完毕的自定义放映方式。
- 多监视器：如果用户电脑中安装了多个显示器投影设备，用户可以在此选项组中进行设置，设置好后可以在多个显示器中放映幻灯片。

8.1.3 排练与录制

1. 排练

我们看到一些大型晚会或活动都事先进行多次演练，以便正式演出时获得最佳的效果。同样，我们制作的幻灯片也可以进行事先排练，用户可以根据自己的需要方便地控制动画的间隔时间、每个幻灯片的放映时间等，更有利于幻灯片内容的展示。下面介绍排练功能的具体使用方法。

01 单击"幻灯片放映"选项卡的"设置"组中的"排练计时"按钮，如图8-13所示。此时，进入幻灯片放映视图并且开始计时。

02 在幻灯片放映过程中，屏幕上会显示如图8-14所示的"录制"工具栏。要播放下一张幻灯片，可以单击"下一项"按钮，即可在"幻灯片放映时间"框中开始记录新幻灯片的时间。

03 录制结束后，单击控制面板中的"关闭"按钮，PowerPoint 2016提示是否保留新的幻灯片排练时间，选择"是"按钮，如图8-15所示。

图8-13 单击"排练计时"按钮　　　　图8-14 "录制"工具栏　　　　图8-15 保存计时

04 此时，再次放映幻灯片，幻灯片就会按照排练计时的时间进行播放。

2. 录制幻灯片

录制的功能和排练计时十分相似，相比排练计时增加了对幻灯片播放中旁白和激光笔的录制，方便日后演讲者不在现场的情况下，听众能够更准确地理解演示文稿的内容。下面介绍录制功能的具体使用方法。

01 单击"幻灯片放映"选项卡的"设置"组中的"录制幻灯片演示"按钮，选择"从头开始录制"选项，如图8-16所示。此时，弹出"录制幻灯片演示"对话框，勾选"幻灯片和动画计时"和"旁白和激光笔"复选框，单击"开始录制"按钮，如图8-17所示，此时便进入录制模式。

图8-16 录制幻灯片演示　　　　　　图8-17 开始录制

02 录制过程与"计时"功能相似，请用户参考"计时"功能介绍。

03 幻灯片播放完毕后，幻灯片自动退出幻灯片放映模式，此时每张幻灯片的时间以及旁白等信息便记录在幻灯片中了，此时播放幻灯片，幻灯片便会根据录制的时间以及旁白进行播放。

8.1.4 使用监视器

监视器相当于电脑自身的显示器之外的显示设备，PowerPoint 2016可以让用户方便地控制这些显示设备，这里以最常用的一台电脑显示器加一个投影仪的组合方式进行介绍。

01 连接好投影仪，将显示模式设置为扩展模式，Windows 7系统下的快捷键为Windows+P。

02 在"幻灯片放映"选项卡的"监视器"组中选择监视器2并勾选"使用演示者视图"，如图8-18所示。

图8-18 设置监视器

03 此时播放幻灯片，电脑显示器中显示"演示者视图"，投影仪中全屏播放幻灯片，如图8-19所示。

图8-19 左边为电脑屏幕显示状态，右边为显示器显示状态

04 如果在步骤 **02** 中不勾选"使用演示者视图"，则电脑显示器中显示普通编辑视图，投影仪中全屏播放幻灯片，如图8-20所示。

图8-20 左边为电脑屏幕显示状态，右边为显示器显示状态

8.2 幻灯片的发布

在日常工作中，经常需要将制作的幻灯片与其他人分享，就要用到幻灯片发布的功能。幻灯片发布的方式很多，本节将一一为用户说明。

8.2.1 将演示文稿打包到文件夹

用户可能遇到这样的情况，用自己的电脑制作好演示文稿后，将其复制到U盘中，然后准备到一个客户的电脑上演示这个演示文稿。不幸的是，这个客户的电脑中没有安装PowerPoint程序。这时，可以将演示文稿打包，以便将与演示文稿有关的各种文件都整合到同一个文件夹中，只要将这个文件夹复制到其他电脑中，然后启动其中的播放程序，就可以正常播放演示文稿。具体操作步骤如下：

01 打开要打包的演示文稿。

02 单击"文件"选项卡，在弹出的菜单中单击"导出"→"将演示文稿打包成CD"→"打包成CD"，如图8-21所示。

03 在弹出的"打包成CD"对话框中输入打包的名称，选择要打包的幻灯片，单击"复制到文件夹"，如图8-22所示。

图8-21 打包成CD

图8-22 设置打包幻灯片

提示

- -

如果用户的电脑上装有刻录机并且也有空白的刻盘光盘，可以单击"打包成CD"对话框中的"复制到CD"按钮。

---

04 在弹出的"复制到文件夹"对话框中，输入打包文件准备使用的文件夹名以及保存位置，单击"确定"按钮，如图8-23所示。

图8-23 选择文件夹名称及位置

05 在弹出的Microsoft PowerPoint对话框中，单击"是"按钮，如图8-24所示。

图8-24 确认添加链接文件

06 PowerPoint 2016会自动打开演示文稿所在的文件夹，这样即可将幻灯片打包到文件夹，如图8-25所示。

图8-25 打包成功

8.2.2 打包为视频

自PowerPoint 2010开始，微软公司就将导出为视频功能嵌入到PPT中。将幻灯片导出为视频，是一种利用PPT制作视频的好方法。下面就来介绍将PPT导出为视频的具体步骤。

01 单击"文件"选项卡，选择"导出"→"创建视频"，对输出视频的要求进行设置后，单击"创建视频"按钮，如图8-26所示。

图8-26 创建视频

02 在弹出的"另存为"对话框中设置文件名和保存类型，单击"保存"按钮，如图8-27所示。

03 此时，在PowerPoint演示文稿的状态栏中会显示正在制作视频的进度条。稍等片刻，视频制作完毕，如图8-28所示。以后，只要双击创建的视频文件，Windows会调用视频播放软件来放映该视频。

图8-27 "另存为"对话框

图8-28 导出完毕

8.2.3 创建讲义

讲义可以使观众更容易理解演示文稿中的内容。讲义包括幻灯片图像（如果一些观众希望获得演讲的文字资料，以便日后详细研究，讲义形式是很用的）和演讲者提供的其他额外信息。

PowerPoint 2016可以自动生成讲义，将幻灯片与备注等信息一起生成一个Word文档。下面介绍将PPT创建为讲义的具体方法。

01 依次单击"文件"选项卡→"导出"→"创建讲义"→"创建讲义"按钮，如图8-29所示。

图8-29 单击"创建讲义"按钮

02 弹出如图8-30所示的"发送到Microsoft Word"对话框，根据需要进行选择，可以将备注和空行放置在幻灯片的不同位置，并且可以选择粘贴类型，然后单击"确定"按钮。此时，PowerPoint 2016就会自动生成一个讲义的Word文档，如图8-31所示。

181

图8-30 "发送到Microsoft Word"对话框 　　　　图8-31 讲义Word文档

8.2.4 使用电子邮件发送

幻灯片制作好后，可以在PowerPoint 2016中通过电子邮件直接与他人分享，下面就来介绍利用PowerPoint 2016发送电子邮件的具体方法。

01 依次单击"文件"选项卡→"共享"→"电子邮件"，然后选择发送电子邮件的方式。这里以"作为附件发送"为例，其他方式与此相似，单击"作为附件发送"按钮，如图8-32所示。

图8-32 使用电子邮件发送

02 此时，Outlook会自动启动，用户可以设置收件人、邮件主题等信息发送电子邮件，幻灯片会自动作为邮件的附件进行发送。

8.2.5 打印演示文稿

和主持人在电视上播新闻一样，有些演讲者也喜欢将演示文稿打印到纸上，这样在演示时也可以随时拿着纸样看看接下来要讲的内容。

01 依次单击"文件"选项卡→"打印",对打印的方式进行设置,如图8-33所示。

图8-33 打印方式的设置

02 依次选择打印机、打印范围、打印方式、打印顺序、打印颜色、确定打印份数,然后单击"打印"按钮,进行打印。下面详细介绍打印方式、打印顺序以及打印颜色。

- 打印方式:打印方式包括打印版式以及讲义两大类,可以选择不同的打印方式,包括每张纸打印1张、每张纸打印2张等,如图8-34所示,用户在进行设置时利用打印预览区域可以观看,根据打印预览区域的情况,选择打印方式。
- 打印顺序:在打印多份演示文稿的时候,用户可以选择两种打印方式,如图8-35所示,包括打印整套演示文稿再重复以及打印第一页再重复等。

图8-34 设置打印方式

图8-35 设置打印顺序

- 打印颜色:用户可以选择颜色、灰度、纯黑白三种打印颜色。

第 **9** 章

如何设计出优秀的PPT

内容导读：想要设计出优秀的PPT，仅仅靠PowerPoint提供的各项功能还是远远不够的，实际上，PowerPoint只是一种工具，就像油盐酱醋一样，拥有调料不一定就能制作出美食，想要制作出美味可口的菜品，就需要掌握一定的技能。本章将为用户朋友介绍在设计PPT的过程中需要掌握的一些相关知识和技巧。

通过本章的学习，您将掌握以下内容：

- 优秀PPT必备的要素
- 色彩在PPT中的应用
- PPT的布局结构
- PPT构图基础
- PPT平面构成
- 版式设计的原则
- 文本应用注意事项
- 关键页面的设计

9.1 优秀PPT必备的要素

每个人都想把PPT做得更好看一些，实际上要做一个好的PPT并不是一件容易的事。那么，评判一个PPT好坏的标准又是什么呢？

1. 熟悉受众群体

在制作一个演示文稿之前，用户首先要了解受众群体，这是非常关键的，你的受众将决定着演示文稿的结构、风格和配色，以及演讲时的速度等。在制作的过程中千万不能以自我为中心，而是要充分考虑受众群体的年龄、职业、教育程度以及文化背景的差异，并且需要充分地顾及演讲时的环境。总之，好的演示文稿首先要适合绝大部分观众阅读。

2. 合理的组织结构

通常PPT中的内容主要是辅助演讲。图片、图表、文字要搭配合理，让观众可以赏心悦目地看，聚精会神地听，从而使演讲效果达到最佳。

对于只能通过文本来表达的PPT，也要尽可能地使用简洁、清晰的描述性文字，引领用户进入角色，进而很好地体会PPT所阐述的内容。在演示文稿中每一页幻灯片都需要具备清晰的讲解思路，以保证受众独自阅读PPT也能进行独立的思考。

另外，在动画和特效的把握上要做到恰到好处，避免使用过多的特效。太多的特效不仅会增大PPT文件的体积，还会打乱用户的阅读顺序，降低PPT的效果。

3. 大方的配色方案

一个好的配色方案会让整个PPT增色不少，一个成功的演示文稿，整体配色应当协调美观，否则，再怎么精彩的内容也会被掩埋在糟糕的配色之下。那么在进行色彩的选择时应当注意哪些内容呢？以下几项需要用户朋友特别注意：

- 在一个演示文稿中，每张幻灯片可以不使用相同的主色调，但是，所有的色调应该彼此不冲突，具有一定的协调性。
- 在同一张幻灯片中，最好不要超过4种颜色，太多的颜色会使人眼花缭乱，分不清主次。
- 演示文稿的配色还应当充分考虑到受众的个性以及演讲时的环境。

4. 严谨的逻辑结构

清晰的逻辑在演讲中至关重要，无论你的演示文稿多么精美绝伦，没有一个合理、清晰的逻辑，观众也只是看到了一幅很精美的画面，却读不懂画面所传达的信息。

要想使演示文稿具有清晰的逻辑关系，首先需要对演讲的内容进行分析，将逻辑关系在心中或图纸上呈现出来；然后在已有的框架上根据需要进行适当的调整；最后可以将梳理完成的结构补充到页面中，根据列出的提纲，进行制作即可。

9.2 色彩在PPT中的应用

色彩的应用是PPT美化的基础，一个色彩搭配平淡的PPT毫无吸引力可言。演示文稿的主题色、背景色以及幻灯片中形状、图片、文字等对象的颜色搭配，关系到整个演示文稿是否可以吸引观众的眼球。为此，从本节起将对色彩在PPT中的应用进行介绍。

9.2.1 色彩基础

下面我们首先了解一下有关色彩的基础知识。

1. 色彩的构成

色彩一般分为无彩色（消色）和有彩色两大类。无彩色是指白、灰、黑等不带颜色的色彩，即反射白光的色彩，如图9-1所示。有彩色是指红、黄、蓝、绿等带有颜色的色彩，如图9-2所示。

图9-1 无彩色　　　　　　　　图9-2 有彩色

2. 色彩的属性

色彩的划分可以分为以下3种，分别为色相、明度和纯度，下面分别对这几种属性进行介绍。

01 色相

指某一色彩呈现的相貌。正是由于色彩具有这种具体相貌的特征，我们才能感受到一个五彩缤纷的世界。如果说明度是色彩的骨骼，色相就很像色彩外表的肌肤。色相体现着色彩外向的性格，是色彩的灵魂。在对色相的认识学习中，又分为：

- 三原色——把光谱中不能用其他颜色调配而成的红、黄、蓝，称为三原色，如图9-3中圆环中心的三角形内的颜色。
- 间色——光谱中的橙、绿、紫等由两种原色调配而成，称为间色也叫二次色，如图9-3中圆环内以及三角形外的颜色。
- 类似色——（同类色）色环中45°以内的颜色。
- 互补色——色彩中180°以内90°以外的颜色称为互补色。
- 冷暖色——以人的情感来分，红黄系属于暖色系、蓝紫系属于冷色系、绿色系属于中性色。

图9-3 十二色环

02 明度

又称亮度，是指色彩的明亮程度。在无色彩中，明度最高的色为白色、明度最低的色为黑色，中间存在一个从亮到暗的灰色系列。在有色彩中，任何一种纯度色都有着一种明度特征。黄色为明度最高的色，紫色为明度最低的色。

在PPT中的"颜色"对话框中，明度可以通过调整"自定义"选项卡中颜色方块右侧的明度滑竿进行调节，三角形滑块越往上调节明度越高，反之亦然，如图9-4所示。

03 纯度

又称彩度，指的是色彩的鲜艳程度。任何一种色相，如果不含白色、黑色和灰色，它的彩度是最高的。我们的视觉能辨认出的有色相感的色，都具有一定程度的鲜艳度，比如绿色，当它混入白色时，虽然具有绿色相似的特征，但它的鲜艳度降低了，明度提高了，成为淡绿色；当它混入黑色

图9-4 调节颜色的明度

时，鲜艳度也降低了，明度变暗了，成为暗绿色；当混入与绿色明度相似的中性灰时，它的明度没有改变，纯度降低了，成为灰绿色。

纯度变化系列是通过一个水平的直线纯度色阶表示的，它表示一个颜色从它的最高纯度色（最鲜色）到最低纯度色（中灰色）之间的鲜艳与混浊的等级变化，如图9-5所示。

图9-5 彩度的调节

9.2.2 色彩选择的艺术

人的眼睛对于色彩的感知大于对文字的感知，因此，对于一个优秀的演示文稿，配色是很关键的。但是，对于很多没有接受过色彩培训，色彩敏感度不强的人来说，怎样才能配出好的色彩呢？下面将介绍几种简单的方法教你选择色彩。

1.根据公司Logo和VI搭配色彩

Logo是现代企业的标志，代表着一个企业的形象，其配色和形状都是经过设计师反复思考设计而成的，而公司的VI手册一般都会规定几种企业标准色。因此，在选择色彩时，可以参考公司的Logo、VI手册以及网站的色彩搭配。如图9-6所示为一公司的Logo。

比如下面的一个餐饮连锁机构，其配色模式就可以为红黑色搭配，如图9-7所示。

图9-6 公司Logo

图9-7 配色方案

2. 根据行业特色选择色彩

　　颜色与行业也是息息相关的，不同的行业往往会钟爱一些特定的颜色，因为这些色彩在某种程度上就已经体现了行业的本色，如与电子相关的产业，通常会采用蓝色、灰色和黑色等比较冷静、稳重的色彩，如图9-8所示；在医药行业，则通常会采用绿色、橙色和蓝色等让人感觉平静、安心的色彩，如图9-9所示。因此，在选择色彩时，还应当根据行业的不同来进行选择，并且用色能体现出该行业的特点。

图9-8 电子科技行业的应用

图9-9 医药行业的应用

3. 根据色彩的基本属性选择

　　前面已经介绍过，不同色彩带给人的感觉是不同的，根据色彩的不同属性进行选择，红色代表着热情、革命、温暖、健康、活泼等感觉，如图9-10所示，而黑色有着庄重、时尚、厚重的感觉，如图9-11所示。

图9-10 使用红色作为主色调

图9-11 使用黑色作为主色调

　　绿色带给人新鲜、安逸、平静、活力、环保和生命力，如图9-12所示。黄色节奏鲜明、活泼积极，给人很强的愉悦感，如图9-13所示。

图9-12 使用绿色作为主色调

图9-13 使用黄色作为主色调

紫色神秘、高贵，给人极强的华丽感，如图9-14所示。灰色虽然会有消极感，但是却有着其专业、冷静的特点，如图9-15所示。

图9-14 使用紫色作为主色调

图9-15 使用灰色作为主色调

9.2.3 配色的艺术

在实际工作中，用户通常会根据自身的性格特点设计演示文稿，这就会导致色彩具有片面性，例如演示文稿颜色偏鲜艳、或者清冷。那么如何才能完成一个合理的配色方案呢？下面我们分别从色彩的感觉和色彩的搭配技巧来分析。

1. 色彩的感觉

为了克服用户以个人感受来设计演示文稿的弊端，让设计完成的演示文稿可以适合各种观众的需求，用户在设计演示文稿之前，需要了解一下不同色彩给人带来的感受。

（1）色彩的情感感受

不同的色彩会给人带来不同的情感感受。通常，各种颜色给人的情感感受如表9-1所示。

表9-1 色彩的情感感受

名称	举例	情感感受	应用场合
红色	大红　桃红　砖红　玫瑰红	热情、活泼、热闹、革命、温暖、幸福、吉祥、危险	媒体宣传、企业形象展示、警示标志、政府部门文件等
橙色	鲜橙　橘橙　朱橙　香吉士	光明、华丽、兴奋、甜蜜、快乐	工业安全用色、服饰等方面
黄色	大黄　柠檬黄　柳丁黄　米黄	明朗、愉快、高贵、希望、发展、注意	交通指示、大型机械
绿色	大绿　翠绿　橄榄绿　墨绿	新鲜、平静、安逸、和平、柔和、青春、安全、理想	服务业、卫生保健、工厂等场所
蓝色	大蓝　天蓝　水蓝　深蓝	深远、永恒、沉静、理智、诚实、寒冷	商业设计、科技产品
紫色	大紫　贵族紫　葡萄紫　深紫	优雅、高贵、魅力、自傲、轻率	和女性相关的产品和企业形象的宣传
白色	白色	纯洁、纯真、朴素、神圣、明快、柔弱、虚无	科技产品、生活用品、服饰，可以和任何颜色相搭配
灰色	大灰　老鼠灰　蓝灰　深灰	谦虚、平凡、沉默、中庸、寂寞、忧郁、消极	和金属相关的高科技产品
黑色	黑色	崇高、严肃、刚健、坚实、粗莽、沉默、黑暗、罪恶、恐怖、绝望、死亡	科技产品、生活用品和服饰的设计
褐色	茶色　可可色　麦芽色　原木色	优雅、古典	传达商品的原料色泽以及原始材料的质感

（2）色彩的空间感

对演示文稿进行设计时，除了心理感觉之外，不同的颜色还会给观众带来不同的空间感。造成空间感的主要因素是色彩的前进和后退感，暖色系有前进感，冷色系有后退感，如图9-16所示。

图9-16 色彩的空间感

色彩的前进和后退感还与图形的背景色有关，同样的两个图形，背景为黑色时，明亮颜色的图形有向前进的感觉；背景为白色时，则偏暗的图形有向前进的感觉，如图9-17所示。

（3）色彩的大小感

造成色彩大小感的主要因素同样是颜色的前进和后退感，同样大小的图形，暖色和明色看起来偏大；而冷色和暗色则偏小，如图9-18所示。

图9-17 背景影响色彩的空间感

除此之外，色彩还有轻重感和软硬感。其中，影响色彩轻重感的是明度，明度相同时，彩度越高，感觉越轻；从色相方面来讲，暖色重，冷色轻。但是影响色彩软硬感的主要是明度和彩度，和色相关系不大，明度高彩度低的色彩具有柔软的感觉，例如粉红色，明度低彩度高的色彩具有坚硬感，例如紫色、蓝色和红色。

图9-18 色彩的大小感

2. 色彩搭配技巧

在设计演示文稿的过程中，有一些最基本的搭配技巧和用户分享一下，包括善用主题色、合理选择背景色、不滥用色彩、有选择性地选择色彩等。

（1）善用主题色

设计演示文稿时，如果用户对色彩的把握不够熟练，可以使用系统预定义好的颜色组合的方案来设置演示文稿的格式，如图9-19所示。

（2）合理选择背景色

图9-19 应用"离子"主题色效果

在选择背景色时要结合演示文稿中文字、图形等相关对象的颜色进行选择，如图9-20、9-21所示。从两幅图的对比可以看出，图9-21在背景色的选择上与图表的色彩更能融为一体，显得更加专业。

图9-20 应用背景色不当

图9-21 应用合适背景色

另外，可以考虑使用图片和纹理作为演示文稿的背景色。恰当的纹理或图片背景比纯色背景具有更好的效果。

如果使用渐变填充，可以考虑使用近似色；构成近似色的颜色可以柔和过渡并不会影响前景文字的可读性。也可以通过使用补色进一步突出前景文字。但是，千万不要使用对比过于强烈并且相互冲突的颜色，不滥用色彩。

在同一个演示文稿中，切忌文本颜色、图形填充以及幻灯片背景使用多种相互冲突的色彩，使得演示文稿让观众眼花缭乱，且无法突出重点，如图9-22所示。其实相似的颜色也能产生不同的作用，颜色的细微差别可能使信息内容的格调和感觉发生变化，如图9-23所示。

图9-22 滥用色彩

图9-23 合理运用色彩

需要注意的是，一些颜色虽然有其惯用的含义，例如红色表示警告，而绿色表示认可。但是由于这些颜色在不同的国家具有不同的含义，使用前需要充分了解受众的背景。

3. 针对听众选择颜色

用户在制作演示文稿之前，一定要弄清自己的演示文稿将要演示给哪些人看，政府部门、事业单位、年长者及国有企业的领导一般都偏爱较艳丽的颜色；而年轻人、学历较高以及西方文化背景的人则会偏爱清淡一些的颜色。除此之外，还要留意周边的环境，例如，灯光墙壁颜色等是否影响到显示效果。

综上所述，关于PPT配色的总结有以下几点：

第一，整个PPT页面最好不要超过4种以上的颜色，过多的色彩会让整个PPT失去应有的表达能力。

第二，采用的颜色不能相互冲突，最好可以做到相互协调，互相统一。

第三，不能随心所欲地创造一些颜色，而是应用一些已经被人们广泛接受的颜色。

第四，应当充分考虑观众对色彩的感知能力，使每个观众都可以身心愉悦地观赏整个演示文稿。

9.2.4 配色的技巧与注意事项

1. 单一色配合白色的应用

白色系被称作为放心系，无论是在平面设计、网页设计还是在衣服颜色的搭配方面，白色都能较好地与其他颜色搭配。这在PPT中也是同样的道理，白色可以和任何颜色搭配，白色的加入，可以让整个画面顿时清爽起来。

在绿色中加入少量的白，其性格就趋于洁净、清爽、鲜嫩。在黄色中加入少量的白，其色感变的柔和，其性格中的冷漠、高傲被淡化，趋于含蓄，易于接近。在红中加入少量的白，会使其性格变的温柔，趋于含蓄、羞涩、娇嫩。在紫色中加入白，可使紫色沉闷的性格消失，变得优雅、娇气，并充满女性的魅力。

2. 利用同色系的明暗变化配色

如果对色彩的把握能力不够强，又觉得单一色的背景单调，可以使用同一色系的色彩设置渐变背景、构成层次、划分区域等。

3. 不要小看单一的背景色

在制作PPT时，不能为了追求抢眼效果，设置太缤纷的背景，太过炫目的效果，会夺走观众的吸引力，演示文稿的最终目的是演示，从观众的视线看来，单一的背景色搭配适宜的文字颜色和字体，会产生更佳的视觉效果。

4. 其他经典配色

黑+灰+黄，严谨、专业又显示出极强的力量感。

深红+灰+白，醒目、独特，加入适量的灰色使整个画面的冲突感降低。

灰+洋红（湖蓝）+白（黑），潮流时尚之感迎面而来，因为灰色调的加入，整个画面又稳重起来。

灰+橙（黄）+白，时尚又不乏大气之感，动感而又专业。

5. 学会取人之长

当你为了配色纠结、痛苦不堪时，让我偷偷告诉你一个绝招吧，那就是搜索一些网站和图书的封面，借鉴他们的配色运用于自己的演示文稿中。

另外，PPT模板中保存的配色方案都是经过千锤百炼深受广大用户喜欢的配色，可以将其"窃取"过来据为己有，只需打开该模板后，单击"设计"选项卡上的"颜色"按钮，选择"新建主题颜色"命令，为该配色方案起一个简单明了的名字，将其保存，这样以后就可以随心所欲地使用它了！

9.3 PPT的布局结构

同样的内容、同样的图片，不同布局结构的演示文稿，给用户所带来的视觉效果以及传达给观众的思想也有可能是不同的。对于PPT来说，一个合理的布局结构是非常重要的。人们常用的幻灯片布局结构有标准型、左置型、文字型、斜置型、中图型、圆图型、中轴型、棋盘型、全图型等，下面将对其中常见的几种布局结构进行介绍。

1. 标准型布局

最常见的幻灯片布局为标准布局，即遵循从上到下的排列顺序。这是由于自上而下的排列结构符合人们的心理顺序和思维活动的逻辑顺序，可以产生良好的阅读效果，如图9-24所示。

2. 左置型布局

左置型布局是一种常见的版面编排类型，它往往将纵长型图片或图表放在版面的左侧，与右侧横向排列的文字形成强有力的对比。这种布局结构非常符合人们视线的移动规律，因而应用也比较广泛，如图9-25所示。

图9-24 标准型布局　　　　　　　　　　图9-25 左置型布局

3. 文字型布局

有时，用户希望可以传达某些信息，其中文字是版面的主体，其余的图片或者页面背景等只是作为衬托。为了使文字具有更强的感染力，并且便于阅读，此时就需要对字体、字色、字号等作出设置，如图9-26所示。

4. 斜置型布局

在布局时，全部图形或图片右边（或左边）作适当的倾斜，使视线上下流动，画面产生动感，令呆板的画面活跃起来，如图9-27所示。

图9-26 文字型布局　　　　　　　　　　图9-27 斜置型布局

5. 圆图型布局

以正圆或半圆构成版面的中心，在此基础上按照标准型顺序安排标题、说明文本以及其他对象，可以一下吸引用户目光，突出重点内容，如图9-28所示。

6. 中轴对称型布局

将标题、图片、说明文与标题图形放在轴心线或图形的两边，这样便显示出了良好的平衡感，如图9-29所示。

图9-28 圆图型布局

图9-29 中轴对称型布局

上述介绍的只是单个幻灯片的布局结构，用户在制作一个演示文稿之前，首先需要先想清楚整个演示文稿的内容，然后罗列出大纲，根据大纲合理分配页数，当页码太多时，还可以将正文分为多个小节，一般来说，一个完整的演示文稿会包括目录页、导航页、正文页、结尾页4个部分，用户可以采用总分式、叙事式、场景式等多种结构的方式来完成一个演示文稿。

9.4 PPT构图基础

PPT构图是创作过程中的一个不可缺少的环节，它是将演示文稿内各个部分组合成整体的一种形式。构图既要充分考虑作品内容，又要传达出作者内心的感受，并同时符合大众的审美法则。构图的概念和法则与审美意识、艺术观念、理论及风格密切相关。

9.4.1 构图法则

无论是何种类型、何种风格、何种性质的演示文稿，都应当遵循以下几种原则来进行构图。

1. 元素与主题密切相关

演示文稿中的一切对象都必须与当前主题相关联，或衬托主题、或点明主题，但是不可在其中加入与主题无关的元素，否则会有画蛇添足之嫌，如图9-30所示。作为一个项目汇报的首页，只要做到简洁大方，主题鲜明即可。相比图9-30，图9-31中把"项目汇报"这几个字重点突出，这样一来，就使得该页显得更加大气、专业。

图9-30 包含无关元素

图9-31 所有元素与主题相关

2. 各组成元素不可过于分散

演示文稿内各组成元素应保持密切的联系，否则会导致相互关系表达混乱，无法传达出想要表达的主题，如图9-32和图9-33的对比中，后者利用了几何图形将文字主题有效地整合在了一起，其效果一目了然。

图9-32 组成元素分散 　　　　　　　　图9-33 组成元素关系密切

3. 主题内容突出显示

在组织元素表达中心内容时，应当合理安排各元素之间的相互关系，利用文字的艺术效果、图片的调整、图形的特殊效果等将重点内容突出显示，如图9-34和图9-35的对比中，后者采用了立体面将层次进行了划分，不仅突出了主题，同时也使得画面更具动感，更好地吸引受众的眼球。

图9-34 主题内容不突出 　　　　　　　图9-35 主题内容突出显示

4. 各元素相互协调统一

整个演示文稿中的所有元素，应当是既有变化又有统一的一个整体，应当利用几何体、明暗、线条、色彩等因素的对比谐调规律，以及平面构成、空间处理等手段，使整个演示文稿活泼生动、时尚新颖，并具有最佳的艺术感染力，如图9-36所示。

9.4.2 构图原理

PPT构图与平面构图有着相似之处，在PPT构图中同样有均衡、对比统一、节奏、对称等原理，下面我们简要介绍其中几种。

1. 均衡原理

均衡是PPT构图中一项最基本的原理，通过各种元素的摆放、组合，使画面通过人的眼睛，在心理上感受到一种物理的平衡（比如空间、重心、力量等），均衡是通过适当的组合使画面呈现"稳"的感受，通过视觉而产生形式美感。从明暗调子来说，一点黑色可以与一片淡灰获得均衡。黑色如与白色结合在一起时，黑色的重量就会减轻。从色彩的关系来说，一点鲜红色，可与一片粉红或一片暖黄色取得均衡。PPT整个画面的均衡感是各种因素复杂地综合在一起而产生的，如图9-37所示。

2. 对比统一原理

构图中的变化与统一，也可以称为对比与谐调。在PPT构图中，常常会通过对比来追求变化，通过谐调来获得统一。如果忽略这一原理，就会失去变化统一的效果，表达的主题就不会生动，也不可能获得最完美的形式美感。PPT画面中的变化因素很多，包括视点、位置、形状、明暗等。那么，对比的因素，如何在构图处理上达到统一谐调的效果呢？画面中较多的对比形式因素需要交错处理，产生呼应，使对比具有了谐调感。

谐调是近似的关系，对比是差异的关系。对比要通过画面中各个因素的倾向性和近似的关系来获得谐调感。以谐调与统一占优势的构图，也必定有处理某些变化的因素，使整个画面不致单调而有生动感，如图9-38所示。

3. 节奏

节奏鲜明的构图让整个画面动起来，变得趣味、活泼，摆脱呆板、乏味的形象。例如，明暗可以带给整个画面节奏感，明暗是指最深的暗色调至最淡的明色调之间的各种明暗层次。暗色调的交错，获得画面的变化与均衡，产生节奏韵律感。经常采用暗的背景衬托明亮的主体、明亮的背景衬托较暗的主体或者是中间色调衬托明暗对比鲜明的主体物，构图的明暗形式处理，必须服从表达主题的情景需要。同时也要运用明暗对比手段，显示出构图的主体部分和陪衬部分的正确关系。还可以同时运用多种明暗对比因素的构图形式，去处理复杂的题材，表现重大的主题，如图9-39所示。

图9-36 各元素和谐统一

图9-37 均衡的画面

图9-38 对比统一的画面

图9-39 充满节奏感的画面

9.5 PPT平面构成

要做好PPT，还需要了解一些平面构成的概念，这样才能制作出由简单平面构成的幻灯片，或由复杂平面构成的幻灯片。

9.5.1 平面中的点、线、面

构成平面的最基本元素是点，线是点移动的轨迹，而面由线组成，由点、线、面三个基本元素可以构成一个平面。下面将对幻灯片页面中的点、线、面进行阐述。

1. 点

与几何学中的点不同，在平面构成中，点是在对比中存在的，是相对周围面积而言很小的视觉形象，具有各种形状、大小、深浅的差别，是一切形态的基础。点一般被认为是最小的并且是圆形的，但实际上点的形式是多种多样的，有圆形、方形、三角形、梯形、不规则图形等，自然界中的任何形态缩小到一定程度都能产生不同形态的点。

点的基本属性是注目性，点能形成视觉中心，也是力的中心。也就是说当画面有一个点时，人们的视线就集中在这个点上，因为单独的点本身没有上、下、左、右的连续性，所以能够产生视觉中心的效果，如图9-40所示。

图9-40 视觉中心的效果

在PPT中，利用点的视觉特征，可以吸引观众的视线，例如可以使用点标示某些重要数据或者突出显示某个重点内容等，如图9-41所示。

2. 线

在几何学中，线只是具有位置、长度而没有宽度和厚度的。通过点的移动可以得到线，但是线的存在具有不可替代性。在平面中，多种多样的线条让平面具有条理感，线和点一样，也是相对的概念，太短为点，太宽为面，具有位置、长度、宽度、方向、形状和性格等属性。线在平面构成中起着非常重要的作用，线在一个平面中加粗到一定程度的时候，我们往往把这个线看成是一个面或一个长方形。

线概括起来分直线和曲线两大类。其中，直线可分为：垂直线、水平线、斜线、折线、平行线、虚线、交叉线。曲线可分为：几何曲线（弧线、旋涡线、抛物线、圆）、自由曲线。

直线具有男性的特点，有力度、稳定，直线中的水平线平和、寂静，使人联想风平浪静的水面，远方的地平线；而垂直线则使人联想到树、电线杆、建筑物的柱子，有一种崇高的感受；斜线则有一种速度感。直线还有粗细之分，粗直线有厚重，粗笨的感觉，细直线有一种尖锐，神经质的感觉。

曲线富有女性化的特征，具有丰满、柔软、优雅、浑然之感。几何曲线是用圆规或其他工具绘制的具有对称和秩序的美、规整的美。自由曲线是徒手画的一种自然的延伸，自由而富有弹性。

在PPT中，线的应用及其广泛，可以用直线来绘制折线图。还经常会用大量密集的线形成面的感觉，通过线的长短、粗细、位置、方向、疏密、明暗调性等因素，以重复、渐变、发散等规律化的形式构成，追求丰富生动、灵活多变的视觉效果，从而增强页面视觉效果，如图9-42所示。

图9-41 显示重点内容

图9-42 使用线形成面

3. 面

面是线或点连续移动至终结而成的形状，有长宽、位置，但无厚度，是体的表面，受线的界定。面的形态是多种多样的，不同形态的面在视觉上有不同的作用和特征，直线形的面具有直线所表现的心理特征，有安定、秩序感，男性的性格。曲线形的面具有柔软、轻松、饱满、女性的象征。偶然形的面如：水和油墨，混合墨洒产生的偶然形等，比较自然生动。

在平面中，任何封闭的线都能勾画出一个面，如果只有轮廓，内部未加填充，则虽有面的感觉，但是不充实，往往给人通透、轻快的感觉，没有量感。填充的面则给人以真实、充实和量的感觉。面的边界线即轮廓是决定面的形态特征的关键。面的形态体现了整体、厚重、充实、稳定的视觉效果，不同形状的面，又会产生不同的视觉效应。如图9-43所示。

图9-43 面的显示效果

9.5.2 基本平面构成

在PPT中，经常会使用平面来对整个幻灯片版面进行划分，合理安排布局结构，构成幻灯片版面的方法有多种，下面介绍几种常用的方法。

1. 重复构成

在制作演示文稿内的目录、流程、关系型等图形的过程中，经常会不断地使用同一个形状来构成画面，这种相同的形象出现两次或两次以上的构成方式叫做重复构成。这种重复在日常生活中到处可见，如高楼上的一扇扇窗子。基本形重复后，其上下、左右都会相互连接，从而形成类似而又有变化的图形。多种多样的构成形式生成千变万化的形象，使得画面丰富且具有韵律感，如图9-44、图9-45所示。

图9-44 重复构成目录图表　　　　　图9-45 重复构成流程图表

2. 渐变构成

除了重复构成外，渐变构成同样是用户在制作PPT时经常采用的构成方式。渐变构成是以类似的基本形或骨格，渐次地、循序渐进地逐步变化，呈现一种有阶段性的，调和的秩序。在渐变构成中，其节奏与韵律感的安排是至关重要的。如果变化太快就会失去连贯性，循序感就会消失；如果变化太慢，则又会产生重复感，缺少空间透视效果。

在制作幻灯片时，渐变构成是深受用户喜爱的一种构成方式，充分利用渐变效果，遵循构图法则，可以构造出华丽动感的画面，如图9-46所示。

3. 发射构成

发射构成是一种特殊的重复，是基本形或骨骼单位环绕一个或多个中心点向外或向内集中。发射构成有两个基本的特征：第一，发射具有很强的聚焦，这个焦点通常位于画面的中央；第二，发射有一种深邃的空间感，光学的动感，使所有的图形向中心集中或由中心向四周扩散。

图9-46 渐变构成的效果

在一张幻灯片中，若需要突显某个内容，可以采用该构成方式，将需要突出显示的内容作为构图的中心点，其他辅助说明内容作为辐射即可，如图9-47所示。

4. 特异构成

特异构成同样是建立在重复的基础上，其中的某个形态突破了骨骼和形态规律，从而产生了突变。这种整体的有规律的形态群中，有局部突破和变化的构成叫特异构成。特异和重复、渐变构成有着密切的关系，特异的形态往往可以带来视觉上的惊喜和刺激。

在PPT中，若需要在若干个并列关系的对象中突出显示某个对象，可以采用特异结构，如图9-48所示。

图9-47 发射构成的效果

图9-48 特异构成的效果

9.5.3 复杂平面构成

平面与平面相互重叠交错组合而成的复杂平面常常会具有空间感。除此之外，还可以使用线、点的渐变的形式来完成。

在制作幻灯片时，为了增强幻灯片的视觉效果，往往会使用多个面重叠而成的方式来构成一个复杂的平面以烘托主题，下面将介绍几种复杂平面构成的幻灯片。

1. 线条和平面构成

充分利用线条和平面相互组合，可以构成复杂平面，这需要用户熟练使用图形的插入、三维格式的设置、渐变填充的设置以及三维效果的设置等。

如图9-49为初始效果，利用矩形、平行四边形以及直线命令，为矩形设置快速效果，平行四边形设置渐变填充效果，然后利用直线划分边界，即可构成一个平面，然后在合适的位置输入标题、插入图片、添加文本，即可做出一个展览型的幻灯片，如图9-50所示。

图9-49 初始效果　　　　　　　　　　图9-50 构成复杂平面

2. 平面重叠构成

利用多个平面的相互重叠，可以构造出具有明暗效果、立体感的画面。如图9-51所示为一个空白主题的演示文稿，通过图形的绘制、图形的填充、调整图形叠放次序，形成一个动感时尚的幻灯片画面，如图9-52所示。

图9-51 初始效果　　　　　　　　　　图9-52 构成复杂平面效果

如图9-53所示为一个演示文稿的目录页，利用多个图形重叠而成的金字塔形构成的画面比之前画面更加美观，如图9-54所示。

图9-53 初始效果　　　　　　　　　　图9-54 构成立体的效果

9.6 版式设计的原则

1. 避免陈旧、平淡

输入文本时，套用传统版式的方法会让PPT毫无新鲜感，应当根据实际情况，设计正文内容版式，如图9-55所示。

图9-55 排版效果

2. 风格要统一

在制作演示文稿时，切忌为了追求华丽使用多个迥然不同的母版，这样会混乱观众的视线和思维，弱化重点内容，而应该使用风格、版式都统一的演示文稿，如图9-56所示。

图9-56 风格、版式统一的演示文稿

3. 学会构建焦点

前面已经介绍过点的概念，这里构建焦点是指在页面中建立一个可以吸引观众注意力的视觉焦点，这个焦点可以是一段文字，也可以是一张图片，那么怎样构建这个焦点呢？例如，以图9-57所示幻灯片构建焦点为例，首先将正文内容分解成几个分组，并提炼主要关键词，然后结合图形，构建凸显重点，各分点并行显示，如图9-58所示。

图9-57 无焦点的幻灯片　　　　　　　　图9-58　建立焦点的幻灯片

4. 要明确重点

创建焦点后，还需要根据内容的主次、重要性明确页面的重点，让观众一目了然地看出哪些是重点内容，哪些是次要内容，这就需要在视觉上具有强烈的对比效果，如图9-59所示。

图9-59 重点明确的幻灯片

9.7 文本应用注意事项

文本是PPT最基本的组成元素之一，是观众注意的焦点，也决定了演示文稿的主题和版式。接下来，了解一下使用文本时应该注意的一些事项以及一些技巧方面的内容。

9.7.1 文本应用原则

1. 避免冗余

在制作演示文稿时，要做到简练明了，避免使用大段的无用文本，大量冗余的文字会让观众兴趣缺失，如图9-60所示。相反，使用干练、简洁、利落的文字可以准确传达所要表达的信息，更能俘获观众的目光，如图9-61所示。

图9-60 大量冗余文字　　　　　　图9-61 简洁、干练的文本界面

2. 灵活运用字体

字体的选用，在演示文稿的设计中扮演着至关重要的作用，最安全的办法是使用已经成熟的字体，中文比如宋体和黑体，宋体比较严谨，显示清晰，适合正文，Office默认的字体也是宋体；黑体比较端庄严肃，醒目突出，适合标题或强调区；隶书和楷体艺术性比较强，但投影效果很差，所以如果所做的PPT需要投影的话，应该尽量少用或者不用这两种字体，另外商用PPT中，这两种字体也尽量少用，因为容易产生不信任感。

英文字体一般用Arial、Verdana、Times New Roman这三种比较多。Arial是一种很不错的字体，端庄大方，间距合适，即使放大后也没有毛边现象。Comic Sans MS也是很不错的一款字体，比较轻快活泼，有手写的感觉。如图9-62所示就是几种不同的英文字体。

Arial Unicode MS

Verdana
Times New Roman
Comic Sans MS

图9-62　几种不同的英文字体

变换不同的字体可以达到很好的效果，但是要注意字体的一致性。如果字体变化过于频繁，在同一演示文稿中使用的字体超过三种，则可能向观众表达的信息会不一致。

另外，需要慎用粗体和斜体。仅仅在强调时才需使用粗体和斜体，其他情况下使用过多则会降低其效果。

3. 文本与图形的结合

文字是传达信息的重要手段，但是纯文本的叙述往往会让观众产生审美疲劳，这时候，用户可以结合图形，根据需要构造出适当的结构，以典雅、美丽的姿态展现给观众，如图9-63所示的效果是不是可以让观众眼前一亮呢？

图9-63 文本与图形的结合

9.7.2 字体选择的艺术

1. 了解常用的字体

在PPT设计中，字体是最容易被忽略，也是最不被重视的。事实上，字体选择的难度并不比色彩搭配低多少，无论是从视觉角度还是从给人带来的感觉来说，不同的字体都会带来不同的感受。

纵然字体千变万化，但是仍旧遵循万变不离其宗的原则，实际上所有的字体都可以按照西文字体的分类分为衬线字体（Serif）和无衬线字体（Sans Serif）两种。

- 衬线字体：在字的笔画开始、结束的地方有额外的装饰，而且笔画的粗细会有所不同，容易识别，它强调了每个字母笔画的开始和结束，因此易读性比较高，常用于出版物或者印刷品的正文内容等以大段文字作为表现形式的作品上。

比较常见的衬线字体有宋体、楷体、行楷、隶书、Times New Roman、Georgia、Garamond、Didot等，如图9-64所示。

- 无衬线字体：没有这些额外的装饰，而且笔画的粗细差不多。无衬线体给人一种休闲轻松的感觉。随着现代生活和流行趋势的变化，如今人们越来越喜欢用无衬线体，因为他们看上去"更干净"。无衬线字体的使用必须保证其在正文内容中的可读性。否则，使用衬线字体。

比较常见的无衬线字体有黑体、雅黑、幼圆、Verdana、Arial、Optima等，如图9-65所示。

图9-64 衬线字体　　　　　　　图9-65 无衬线字体

在时尚引领一切的今天，PPT也要紧跟人们的潮流，字体就和时尚一样，永远在不停地演变。宋体、楷体、黑体、隶书这样的字体，就如同人们脚下的那双布鞋，虽然很舒适，但是已经很土了，成为庸俗、普通、没有创意的代名词。而当下，越来越多的PPT设计者钟情方正字库、汉仪字库、文鼎字库等。下面我们来看看几种特殊字体的应用。

- 综艺体：是黑体的一种变体，也是艺术字的一种。特点是笔画更粗，尽量将空间充满。同时为了美观，对拐弯处的处理较为圆润。方正、汉仪等各大字库都有开发，常被用于广告、报刊等的标题，如图9-66所示。
- 行书：行书是在楷书的基础上发展起源的，介于楷书、草书之间的一种字体，是为了弥补楷书的书写速度太慢和草书的难于辨认而产生的。"行"是"行走"的意思，因此它不像草书那样潦草，也不像楷书那样端正，如图9-67所示。

图9-66 综艺体

图9-67 行书

- 霹雳体：霹雳体在字形上突出呈现内紧外松的特点。笔画交接处圆浑厚重，喻蓄势于中心，又疾速发散至收笔之端，一笔之间粗细变化之快生动刻画出"列缺霹雳 丘峦崩摧"的震撼，展现通上彻下的能量释放。看似犀利的笔画穿插相辅、顾盼呼应；整体安排斜中求正，错落有致，平稳和谐，如图9-68所示。
- 广告体：广告字体就是根据商品的某些特点进而变化产生出来的一种字体，与看到字体的人达到共识，吸引眼球。具有很强的艺术效果和视觉冲击力，为广告加分，如图9-69所示。

图9-68 霹雳体

图9-69 广告体

2. 标题文字要注意的事项

标题就如同人的眼睛，一双盈盈秋目会令人过目难忘，同样的，一个吸人眼球的标题，对于演示文稿来说，起着至关重要的作用。那么在标题命名时，有哪些需要注意的地方呢？

首先，标题应该做到言简意赅，试想一下，在这个时间就是金钱的社会，谁愿意花费多余的时间在你那些无用的文字上呢？你的观众不喜欢、你的老板不会喜欢、你的同事和客户同样不会喜欢。

其次，标题应做到与正文内容相呼应，否则，我们就成为一个挂羊头卖狗肉盗取观众时间的骗子，欺骗观众的注意力，混淆观众的视线。

最后，如果你有一些好的创意，那么抛弃你原有的规则吧。一个新潮而时尚的标题，可以瞬间抓取观众的眼球，给你的演讲增光添彩。

3. 安装系统之外的字体

若PowerPoint中提供的字体不能够满足用户的需求，还可以安装需要的新字体，对于Windows系统来说，安装新字体有以下三种方法（字体文件已经下载）。

用户可以直接将字体文件复制到"C：\Windows\Fonts"文件夹，在此文件夹中还可以选择删除或者隐藏一些字体，如图9-70所示。

还可以双击打开字体文件，然后单击"安装"按钮，如图9-71所示。或者右击字体文件，选择"安装"。

图9-70 字体文件夹　　　　　　　　图9-71 打开字体文件窗口

安装种类繁多的字体的确会给我们设计幻灯片带来极大的便利，与此同时，这些字体文件也会占用大量的系统资源，还会影响Office的运行速度。如何解决这个问题呢？用户可以通过"使用快捷方式安装字体"的方法解决。这样即使将字体文件放在其他磁盘中，也可以使用该字体，单击字体文件夹窗口左侧的"字体设置"链接，如图9-72所示。在打开的"字体设置"窗口中，勾选"允许使用快捷方式安装字体（高级）"复选框，如图9-73所示。

图9-72 单击"字体设置"　　　　　　图9-73 "字体设置"窗口

经过设置后，双击打开下载的字体，可以在预览窗口中看到"使用快捷方式"复选框，将其勾选，然后安装该字体文件即可，如图9-74所示。

图9-74 安装快捷方式

9.7.3 文本内容的层次化安排

对于包含大量信息的文本来说，合理安排文本内容的结构，使观众可以一目了然地从中得到有效的信息是很有必要的。下面介绍如何实现文本内容的层次化。

1. 善于归纳文字内容

大量使用文本是幻灯片的大忌，除非是必须要显示的内容，也要将其按条理进行归纳，让大段的文本信息条理化、明确化，用简短的句子将需要传达的信息传递给受众，如图9-75所示为原始效果，如图9-76所示为归纳文本信息效果。

图9-75 原始效果　　　　　　　　　　图9-76 归纳文本内容效果

越来越多的人为了追求独特的创意，只用一些简单的词语进行总结，这样也不可取，可能当时理解这些词语的意思，但是不利于以后的总结和学习，如图9-77所示。用户需要在简短的同时，又不能忽略了文本原有的含义，将需要表达的观点明确地传达给观众，如图9-78所示。

图9-77 原始效果   图9-78 美化文本结构

2. 设置项目符号

一张幻灯片中包含多个段落时，尽管用户会合理地设置文本段落，但是仍然会显得条理不清。这时，可以采用项目符号和编号功能，使文本更具有层次感，利于观众对文本内容的理解，如图9-79所示。

除了可以使用一些既定的符号作为项目符号外，用户还可以使用一些靓丽的图片作为项目符号，使段落结构化的同时又增添了美感，如图9-80所示。

图9-79 使用项目符号   图9-80 使用图片作为项目符号

3. 文本结构的再次美化

当一张页面中有大量文本信息时，用户可根据需要对文本结构再次美化，利用图形将文字结构化显示出来，如图9-81所示为原始效果，图9-82所示为结构化显示文本效果。

图9-81 原始效果   图9-82 金字塔型文本

除了上述按金字塔形对文本结构美化外，还可以按照一定的规律对文本进行美化，如图9-83所示。

9.7.4 标题文本的美化

精美的标题文本对于演示文稿来说是很必要的，下面将介绍几种美化标题文本的方法。

1. 利用艺术字效果

PowerPoint 2016提供了多种艺术字效果，为了突出显示标题文本，用户经常会使用艺术字效果来呈现，如图9-84所示。但是，需要注意的是，要根据演示文稿的主题以及背景色来选择合适的艺术字颜色和效果，如果运用不当，则会画虎不成反类犬。

除此之外，用户还可以利用Photoshop或illustrator等图文软件来设计更加精美的艺术字。

2. 利用图形/图像点缀

图形或图像，无论在什么时候都可以带给你惊喜，标题文本还可以通过图形或图像进行美化。图文结合或者行文结合，可以创造出更加吸引眼球的视觉效果，在视觉盛宴开始之初，就呈现一道精美的开胃小菜，如图9-85所示为初始效果，图9-86为结合图形制作的标题效果。

图9-83 组织结构式文本

图9-84 利用艺术字效果

图9-85 初始效果

图9-86 图文结合效果

3. 利用符号

符号是指具有某种代表意义的标识。来源于规定或者约定成俗，其形式简单，种类繁多，用途广泛，具有很强的艺术魅力。越来越多的符号被用于平面设计，在幻灯片中也被用作文本的装饰，如图9-87所示。

图9-87 标题中运用符号

9.7.5 文本应用的禁忌

文本是传达信息的必备神器，但是运用不恰当反而会给演示文稿丢分。下面将介绍几个应用文本时一不小心就会进入的雷区，在使用文本时需要慎重，谨防误入雷区。

1. 忌字体泛滥

虽然说，为了区分标题的级别或者突出显示某个字或短语通常会采用不同的字体。但是，在一个PPT中最好不要超过三种以上的字体。同时，字号的变化也不要超过三种。如图9-88所示为字体和字号超过三种时的显示效果，图9-89所示为字体和字号为两种的显示效果。

图9-88 初始效果

图9-89 调整字体和字号

2. 忌排版紧密

在进行文字排版时，一定不要将所有的文字密集地排列在一起，这会让有密集恐惧症的人看得头晕。不经过处理的大段文字直接粘贴到PPT中，无用的信息会占用观众的时间不说，还会让观众抓不到重点。对文字精简并保留核心内容后，页面简单大方且方便阅读和理解，如图9-90所示。

图9-90 文字排列效果

3. 忌颜色复杂

在一个演示文稿中，字体的颜色要与当前主题色相匹配，不能与当前页面中的图片和图形等相互冲突，色彩混乱复杂的演示文稿，很难被观众接受。而色彩统一协调的演示文稿则清爽宜人、干净利落，如图9-91所示。

图9-91 减少文字颜色效果

4. 忌杂乱无章

在演示文稿中，切忌不要将文字天女散花式地随意洒落在页面，文字之间的逻辑关系被打乱，会让观众分不清重点，而按照某种逻辑关系统一地排列文字，则可以增强文字的逻辑性和美观性，如图9-92所示。

图9-92 文本排版效果

9.8 关键页面的设计

首页、目录页、内容页、过渡页、结束页是大部分PPT必不可少的成员，虽然我们没办法在这么短的篇幅中事无巨细地介绍每个页面的设计，但是重点页面的版式设计绝对不会被放过的。

9.8.1 首页的设计

打开演示文稿之后，首先映入眼帘的就是首页，一个优秀的PPT设计师是绝对重视首页的设计。如果没有好的首页，就很难让观众们对整个PPT产生兴趣，这对于作者来说无疑是一场灾难，所以首页要一炮打响，迅速俘获观众的眼球。

比如，采用居中的标题文字加上渐变背景，可以给人一种深邃的感觉，立刻为页面增添了空间感，这样的首页会比较形象地体现企业文化。偶尔调整一下标题的位置，比如偏左或者偏右，都会打破页面的平衡感，让页面活泼起来。

结合几何图形的标题方式，可以让画面更加醒目别致。将背景设置成鲜艳的色彩，并调节不规则形状，则会让标题看起来更加醒目，页面更有动感。

图9-93~图9-98所示是一些常见的首页设计版式，当然其风格各有千秋，用户在实际的运用过程中应当根据演示的需要进行设计。

图9-93 首页1

图9-94 首页2

图9-95 首页3

图9-96 首页4

图9-97 首页5　　　　　　　　　　　　　　　　图9-98 首页6

9.8.2 目录页的设计

目录页是用来说明PPT内容是由哪几个部分组成的。目录页可以让观众结构化地了解整个演说内容，让演说更加有条理性。目录页设计有以下几种方法可供大家参考。

1. 加序号

最常用的目录制作方法，是对序号进行特殊化处理，让序号能够清楚地被看到。

2. 加图标或图片

在每一条目录前面加入图标或图片。图标和图片要和演说主题有关系，能够帮助观众更好地记忆内容。在章节切换的时候，可以将其他图标和标题淡化，以突出正在讲的部分。图片还可以在转场时放大，突显该章节的主题。

3. 时间轴

让观众了解演说时间的安排，观众根据演说时间的安排，调整自己的注意力和精力，以便合理分配时间。

具体讲到某个部分的时候，可以在视觉上进行强化，比如，可以通过倒影的方式突出接下来要介绍的内容。除此之外，还可以通过颜色、大小、动画等进行区别和突显。

4. 导航法

这种方法比较适合内容多且成体系的PPT，方便在不同模块内容之间进行穿梭。将不同部门的内容分别用超链接的形式做成导航，使其显示在内容页上，可以让阅读PPT的人能够自由选择阅读的内容。

5. 图片法

将目录和图片结合起来，可以很有效地打破文档的平淡无奇之感。

图9-99~图9-102所示是几种目录版式结构。

图9-99 目录页1

图9-100 目录页2

图9-101 目录页3

图9-102 目录页4

9.8.3 过渡页的设计

过渡页是为了让观众结构化地了解内容，清楚演说进行到哪里，接下来将进行什么，适合页数多的PPT。过渡页可以给观众一个短暂休息的时间，在接受丰富的信息后，使得观众可以在这一页小憩一下，放松紧绷的神经。

过渡页相当于二级封面，信息少，可以插入渲染气氛的图片，强化PPT的整体数据风格。过渡页设计有以下几种方法可以参考。

1. 全屏过渡页

全屏过渡页用一幅满屏的图或背景点缀标题文字，此页面信息量不同于其他页面，信息量较少，可以让观众在视觉上休憩一下，如图9-103所示。

2. 目录式的过渡页

用目录页作为过渡页，可以通过颜色区别显示讲过的内容和马上要讲的内容，即用不同颜色显示不同内容。

用目录页作为过渡页，可以让观众随时知道演讲的进程，讲过了多少，还要讲哪些内容，可以为

图9-103 全屏过渡页

接下来讲的标题设置动画效果，增强观众的视觉冲击力，提高观众的兴趣，如图9-104所示。

3. 图文结合式过渡页

过渡页用图片+文字进行设计，可以使用图片小小得放松一下观众紧绷的神经，如图9-105所示。

9.8.4 结束页的设计

结束页可以对工作团队表示感谢，也可以写一些带有鼓励性质的文字，或者表达美好祝愿的话语，还可以根据文稿的内容，用一首诗，或是一些名人名言作为结束语。语句可以很正式，也可以很幽默。在结束页再次注明PPT主题，能起到总结全文、强化印象的作用。不要忘记注明演说者的姓名、联系方式等信息，以便感兴趣的人可以和你取得联系。

如果想将PPT在网络上共享又不想失去版权，可以在结束页对版权的处理进行说明。

图9-106~图9-109所示是几种常见的结束页设计版式。

图9-104 目录式过渡页

图9-105 图文结合式过渡页

图9-106 结束页1

图9-107 结束页2

图9-108 结束页3

图9-109 结束页4

第**10**章

培训类PPT实例精讲

内容导读：通过前面的学习，相信用户已经积累了一些制作PPT的经验和技巧，那么从本章开始，我们通过一些实例的制作过程，来综合复习前面所学的知识，同时进一步掌握PPT的制作技巧。本章将制作一个培训类PPT。

10.1 首页设计

　　首页是演示文稿的第一扇门，它在很大程度上决定了能否引起受众的阅读兴趣。因此，在设计时要下足功夫，根据整个PPT的风格设计出一页简洁大方的首页。

　　对于首页的设计，主要体现了简洁、大方的设计理念，白色背景使整个页面显示干净利索，少量的标题文字，用线条进行分隔，在底部插入了一个团队合作的图像，以突出主题。文本字体采用了单一的微软雅黑，结合不同的字体颜色以及字体效果，使整个页面显得简洁但不单调。效果如图10-1所示。

　　首页制作步骤如下：

　　01 创建标准4:3尺寸的空白演示文稿：切换到"设计"选项卡，单击"幻灯片大小"按钮的向下箭头，在展开的下拉列表中选择"标准4:3"选项，即可创建完成，如图10-2所示。

　　02 添加并设置主标题格式：在上面的文本框中添加标题文字"树立你的团队精神"，选中标题文字，切换到"开始"选项卡，在"字体"组中设置标题文字的字体为"微软雅黑"、字体大小为"66磅""加粗"并添加"文字阴影"，然后将"树立你的"四个字设置为"浅蓝"，后四个字设置为"橙色"，效果如图10-3所示。

图10-1　首页效果

图10-2　创建4:3空白演示文稿

图10-3 添加并设置标题格式

03 添加副标题及其他文本：通过插入文本框功能，插入新的文本框和文本内容，并设置文本的"字体""颜色"等格式，调整到主标题下方适当位置，如图10-4所示。

图10-4 添加并设置副标题格式

04 插入水平线：通过插入功能插入一条水平线，如图10-5所示。

图10-5 插入水平线

05 通过在"格式"选项卡中，选择"形状轮廓"→"粗细"→"6磅"命令，如图10-6所示。还可以根据个人的喜好设置自己喜欢的线条颜色以及线条类型，最后适当调整直线与文本的位置。

06 插入图片使页面画面丰富起来：通过"插入"选项卡中的插入图片功能，根据目标图片的存储路径找到图片，然后单击对话框中的"插入"按钮，将该图片插入幻灯片中，并调整图片的大小，放置在本页的适当位置，完成首页的制作，如图10-7所示。

图10-6 设置水平线的粗细

图10-7 调整图片的大小和位置

10.2 目录页设计

目录页的主要功能就是要把演讲的主要内容呈现出来，目录的主要内容要醒目，不能让过多的元素扰乱了主题。

如图10-8所示，本页采用左图右文的形式，把目录的内容呈现出来，并且每个目录有一个简短的副标题。目录之间采用虚线隔开，显示更加专业，层次感更强。左上角可以添加一个公司的Logo。左侧目录文字下方的图片突出了本页的主题。

图10-8 目录页效果

目录页的制作步骤如下:

01 插入形状并添加文字:通过插入形状功能,在本页的左上方适当位置插入一个圆角矩形,并设置填充颜色为橙色,边框颜色为浅灰色。然后右击图形,在弹出的快捷菜单中单击"编辑文字"按钮,输入"目录",并设置字体格式,如图10-9所示。

02 插入图片:先插入一个圆角矩形,调整形状大小,然后右击该矩形,在弹出的快捷菜单中单击"设置形状格式"命令,如图10-10所示,打开"设置形状格式"窗格。

图10-9 插入形状并添加文字

图10-10 选择"设置形状格式"命令

03 通过打开的"设置图片格式"窗格中的填充图片功能,选择图片的存储位置,如图10-11所示。添加效果如图10-12所示。

图10-11 在形状中填充图片

图10-12 填充图片后效果

04 添加文本与间隔线:使用文本框功能制作目录文本,设置好字体的大小和颜色,并在适当位置添加水平直线,注意将直线类型修改为虚线样式,调整一下线条颜色即可,如图10-13所示。

图10-13 添加文本和间隔虚线

05 按照同样的方法制作其他目录文本与间隔线。最后在左上角添加"LOGO"文本，即可完成目录页的制作，效果如图10-8所示。

10.3 过渡页设计

　　过渡页是在目录页与内容页之间的一个页面。起到过渡的引导作用，过渡页同样不需要过多的页面元素，在起到引导作用的同时，同样应该做到简洁美观。

　　本页的设计以图片为中心，图片可以使观众得到短暂的休息时间。而左上方的标题与内容页相互呼应，将其放置在左侧而不是右侧，体现了与内容页求同存异的效果。中间区域使用数字图标，使内容结构化。在图片下方配有简洁文字说明点名主题，效果如图10-14所示。

图10-14 过渡页效果

过渡页效果的操作步骤如下：

01 插入形状并添加文字：通过插入形状功能，在本页的左上方插入一个矩形，添加文本，并设置填充颜色为"浅蓝""无边框"，设置形状效果为"半映像 接触"效果，如图10-15所示。

223

图10-15 设置映像效果

02 插入图片：通过插入图片功能，在本页左侧插入一张素材图片，设置图片尺寸为：6.34cm×8.8cm，如图10-16所示。

图10-16 插入图片

03 设置图片样式：选中图片，通过"格式"选项卡，设置图片样式及边框颜色，如图10-17所示。

图10-17 设置图片样式

04 插入绿色虚线：首先通过形状工具，在本页中间插入一条直线，设置颜色为“绿色”，线型为“虚线”，然后设置对齐对象为“左右居中”，以便于后面圆形位置的定位以及美观，如图10-18所示。

图10-18　绘制虚线

05 插入两个同心圆：插入一个正圆形，调整其大小和填充颜色，放置在本页适当位置（圆形右侧紧靠中间垂直虚线），如图10-19所示。

接下来插入一个较小的正圆形，设置填充颜色为“蓝色”，边框颜色为“白色”“4.5磅”，放置在较大正圆形的中间位置（使圆心重合），效果如图10-20所示。

图10-19　绘制圆形

图10-20　绘制一个小圆形

06 添加文本：通过文本功能插入数字“1”并放置在同心圆中央位置，以及插入图片下方的文本内容，如图10-21所示。

图10-21 插入文本内容

07 使用同样的方法制作本页右侧内容，由于步骤相同，这里不再赘述了。最终效果如图10-14所示。

10.4 内容页设计

内容页在设计时没有什么固定的风格，可以是全文字、全部表格、甚至全部的图片等元素，其主要的目的就是要用最精简的文本与图片等元素，把页面的主题传递给受众。设计时要注意整体的结构统一，不滥用色彩、特效。

内容页是正文的载体，因此在设计的时候内容页的左侧留给正文足够的空间。下面我们介绍两页内容页的制作，如图10-22和图10-23所示。

图10-22 内容页效果   图10-23 内容页效果

1. 制作第一个内容页

在第一个页面左侧添加了一篇与主题相关的故事，并使用颜色和大号字体突出显示重要字段。右侧上方使用蓝色文本框为背景显示内容页的标题，显得整洁不单调。在标题下方插入一张与内容相应的图片，当然色彩上要与页面融合，增加页面的动态效果，不显得那么死板。

制作第一个内容页的步骤如下：

01 插入形状并添加文字：通过插入形状功能，在本页的右上方插入一个矩形，添加文本，并设置填充颜色为"浅蓝""无边框"，设置形状效果为"半映像 接触"效果，如图10-24所示。

02 插入图片：先插入一个圆角矩形，调整形状大小，然后通过填充图片命令插入目标图片，并设置图片效果为"半映像 接触"效果，如图10-25所示。

03 添加文本内容：使用文本功能输入主要内容文本，设置字体颜色、大小，然后调整文字位置，效果如图10-26所示。

图10-24 设置映像效果

图10-25 插入图片并设置图片效果

图10-26 第一个内容页

2. 制作第二个页面

第二个内容页的设计与图10-22内容页的制作类似，在插入图片和文本的时候可参照上述方法制作，这里不再重复阐述了。下面我们为用户朋友讲解本页左下方的SmartArt图形的制作方法。

01 根据上例中的步骤将图片和文本插入之后，效果如图10-27所示。

02 插入SmartArt图形：单击"插入"选项卡的"插图"组中的"SmartArt"按钮，在页面左下方插入 个基本矩阵，如图10-28所示。

图10-27 第二个内容页的初步设计　　　　　　图10-28 插入SmartArt图形

调整基本矩阵的大小，并单击"[文本]"添加文本内容，如图10-29所示。

图10-29 输入文本内容

适当调整文本字体、大小以及图形大小，然后通过"设计"选项卡中的命令，设置图形样式及颜色，效果如图10-30所示。

图10-30 第二个内容页的效果

10.5 结束页设计

本页采取了上下分段的样式，在页面上方填充了大面积的主体颜色"蓝色"，使得页面干净又利落。以此作为背景，添加表示感谢的文本内容，且注明了演说者的各种联系方式。下方较小的白色背景区域，以三张并排的图片再次体现了PPT的主题，能起到总结全文、强化印象的作用。还可以将页面显得更加生动。效果如图10-31所示。

结束页的设计步骤如下：

01 插入背景形状：使用插入形状功能，在页面插入一张蓝色的矩形，调整其大小与位置，效果如图10-32所示。

图10-31 结束页效果

图10-32 插入背景颜色

02 添加文本及图标：插入"谢谢观看"文本，并设置字体格式及位置。然后插入一个正圆形，并设置大小及白色边框。接下来通过图片功能，插入一个图标图片，并调整图标与圆形的位置，效果如图10-33所示。

图10-33 插入文本和图形

添加相应的联系方式文本，根据上面步骤将各种联系方式添加完成，调整图片和文本的位置，效果如图10-34所示。

图10-34 添加联系方式

03 添加图片：在白色背景区域插入图片，调整到适当大小，为其添加一个3磅的白色边框，并将其设为居中偏移的阴影效果，最后调整图片的位置，效果如图10-35所示。

图10-35 添加阴影效果

使用同样的方法，插入其他两张图片，由于步骤大致相同，这里就不再赘述了。最终效果如图10-31所示。

一个漂亮的PPT，生动的动画效果也是必不可少的，用户可以根据自己的喜好为幻灯片添加动画效果。

第11章

战略研讨会PPT实例精讲

内容导读：PPT在企业的应用相当广泛，战略会议也是PPT经常应用的一个重要领域，本章我们来通过一个实用型案例来进一步巩固所学的知识，掌握相关的操作技巧。

11.1　首页设计

　　本页的设计使用字体与图片相结合的形式，变换的字体大小、颜色与粗细等效果，将标题文字更加突出地显示出来。在英文字体的右下方4张图片的阵列摆放打破了原有页面的平衡，使首页所展示的内容显得更加丰富、新颖。浅灰色的图形背景映衬着深灰色的文本内容，使页面上下呼应。效果如图11-1所示。

　　首页设计的具体步骤如下：

　　01 创建演示文稿：创建空白演示文稿，切换到"设计"选项卡，单击"幻灯片大小"下拉按钮，在展开的下拉列表中选择"标准4:3"选项，即可创建完成，如图11-2所示。

图11-1　首页效果	图11-2　创建4:3空白演示文稿

　　02 添加并设置主标题格式：在上面的文本框中添加标题文字"2016事业部战略研讨会 供应链战略规划"，并分为两行显示。将字体设置为"微软雅黑"。另外，将"2016事业部战略研讨会"文本内容，设置格式为"加粗""36磅"；将"供应链战略规划"文本内容，设置字体大小为"36磅"，效果如图11-3所示。

　　03 添加页脚装饰图形并编辑文字：通过插入形状功能，插入一个灰色矩形，并设置其格式为"灰色填充""无轮廓"，如图11-4所示。然后右击添加文字，输入内容为"精益，探之愈精，而造之愈益无穷；品质，精益求精，铸造品质之典范；"，并设置字体颜色为"深灰色""加粗"显示，适当调整文字与形状的位置。

图11-3 设置标题和副标题格式

图11-4 编辑文字

04 添加文本框并设置字体格式：在页面上方插入横向文本框，并输入"HENGTAIJITUAN"，设置字体格式为"Bauhaus 93"字体、"88磅"和"灰色"。然后继续添加页面中的文本内容，调整字体格式与位置，效果如图11-5所示。

05 插入图片并组合：通过"插入"选项卡中的插入图片功能，根据目标图片的存储路径找到图片，然后单击对话框中的"插入"按钮，将该图片插入幻灯片中。适当调整图片的大小，并设置图片样式为"映像圆角矩形"，放置在本页的适当位置，如图11-6所示。

图11-5 在幻灯片的不同位置添加文字

图11-6 插入图片并设置图片样式

使用同样方法将其他三张图片插入到页面中，并排放置在适当的位置（可参考效果图）。将图片全选，使用"格式"选项卡的"排列"组的"对齐对象"下拉按钮中的"垂直居中"和"横向分布"选项调整图片排列位置，然后将4张图片选中，单击"格式"选项卡的"排列"组的"组合对齐"下拉按钮中的"组合"选项将它们创建为一个组合，如图11-7所示。

图11-7 组合多张图片

11.2 目录页设计

为了保持PPT所有页面风格的统一，使用浅灰色色块装饰页眉页脚，为目录内容预留了大片的空间。页脚继续沿用了首页同样的页脚样式与内容，加深观众对企业形象的认知。中间部分被分为左右两个部分，左侧采用了主要色调为蓝色的一张时钟图片，而右侧目录使用不同颜色的色块，与立体的阴影效果相结合，使页面更加稳重，条理更加清晰，效果如图11-8所示。

目录页设计的具体步骤如下：

01 设计页眉和页脚：将首页页脚部分选中复制到目录页中。在页眉部位插入一个灰色矩形作为背景，适当调节大小，接着添加并编辑文字格式，效果如图11-9所示。

图11-8 目录页效果   图11-9 设置页眉和页脚

02 插入图片：先通过插入图片功能，在页面的左侧插入时钟图片，调整其形状和大小，然后通过"设置图片格式"窗格，设置图片的阴影格式，具体设置参数为透明度：35%；模糊：23磅；角度：45°；距离：11磅，效果如图11-10所示。

03 插入形状：通过插入形状功能，插入一个圆角矩形，设置"淡灰色"填充颜色、"3磅、白色"边框，以及设置阴影格式，具体设置参数为透明度：50%；角度：49°；距离：10.6磅，效果如图11-11所示。

图11-10 设置图片阴影格式   图11-11 设置形状阴影格式

04 制作目录文本：创建圆角矩形，设置形状格式，然后添加文本内容，设置相应的字体格式。效果如图11-12所示。

然后通过复制与修改操作，创建其他4条目录文本，调整为"左对齐""纵向分布"方式。最后将所有目录文本组合，效果如图11-13所示。

图11-12 制作目录文本

图11-13 复制目录形状并修改

11.3 内容页设计

下面制作两个内容页，首先来看第一个页面的制作。

该页使用同样的页眉页脚内容，将页面中间留出大量空间，给予正文的编辑提供条件。正文部分左侧使用图表形象具体地将数据的一系列变化显示出来，同时在右侧配以文字的介绍，使所要讲述的主题内容更加容易被观众理解。使用蓝色标签的形式，使得正文内容更加条理化，如图11-14所示。

内容页设计的步骤如下：

01 装饰页眉和页脚：通过形状工具，制作浅灰色矩形，装饰页面页眉和页脚。并使用文本框工具添加页眉和页脚文本信息，如图11-15所示。

图11-14 内容页效果

图11-15 装饰页眉和页脚

02 插入图表：通过插入图表功能，在本页插入一个簇状柱形图，在工作表中输入基础数据，如图11-16所示。

图11-16 输入制作图表的基础数据

03 设置组合图表类型：选中图表，单击"设计"选项卡的"数据"组中的"切换行/列"按钮，将表格中的数据进行行列切换。接着单击"类型"组中的"更改图表类型"按钮，将"同比增幅"系列以折线图的形式显示在次坐标轴中，如图11-17所示。

图11-17 设置图表组合类型

为图表添加标题，并添加"橙色"边框，适当调整放置位置，其效果如图11-18所示。

图11-18 设置图表的格式

04 制作正文内容：插入一个同侧圆角矩形，并设置其格式与阴影效果，关于阴影的具体设置参数为颜色：黑色；透明度：50%；角度：45°；距离：2.8磅，如图11-19所示。

图11-19　插入同侧圆角矩形

在圆角矩形中添加文本。接着使用同样的方法制作浅灰色矩形并设置阴影，如图11-20所示。

图11-20　制作浅灰色矩形

将浅灰色矩形进行复制，形成3个浅灰色矩形，将3个矩形选中并设置对齐对象为"左对齐""纵向分布"，添加文本信息，创建组合，效果如图11-21所示。

图11-21　复制浅灰色矩形并组合

05 设置对齐对象：使用复制功能制作剩余文本和图形，然后编辑其中的文本。选中三个组合对象，设置对齐对象为"左对齐""纵向分布"，效果如图11-22所示。

再来看另外一个页面的设计，本页设计以简单的图形，巧妙搭配颜色，使页面显得清爽又不失稳重。页眉和页脚的灰色调，保持了风格的统一。使用图片和文字相结合的方式，在视觉上放松的同时，还可以对内容加以巩固，不失新意又有点到为止的感觉，效果如图11-23所示。

图11-22 设置对齐对象   图11-23 第二个内容页效果

第二个内容页的设计步骤如下：

01 装饰页眉和页脚：通过形状工具，制作浅灰色矩形，装饰页面的页眉和页脚。使用文本框工具添加页眉和页脚文本信息，如图11-24所示。

02 插入浅蓝色填充、浅灰色边框的五边形：通过形状功能，在页面上方插入一个五边形，设置填充色为"浅蓝色"，边框为"浅灰色"，并调整其大小及摆放位置，效果如图11-25所示。

图11-24 装饰页眉和页脚   图11-25 绘制五边形

03 插入圆角矩形并设置形状样式：插入一个圆角矩形，设置其形状样式为"强烈效果 蓝色-强调颜色1"，放置在浅蓝色五边形上的适当位置，如图11-26所示。

图11-26 设置形状样式

向圆角矩形中添加文字，然后通过复制与修改功能，制作其余4个圆角矩形，最后选中它们，设置"横向分布"对齐方式，效果如图11-27所示。

04 插入六边形并设置渐变填充：通过插入形状功能，在页面中插入一个适当大小的六边形，添加4.5磅灰蓝色边框效果。接着设置填充方式为线性45°渐变填充，颜色过渡：深蓝—浅蓝—深蓝，效果如图11-28所示。

图11-27 设置多个圆角

图11-28 设置六边形的渐变填充

使用同样的方法制作其余4个六边形，由于篇幅限制，这里不再赘述。

05 添加图片与文本背景形状：使用在形状中填充图片的方法，在页面中间部分的左侧插入两张素材图片，适当调整位置。然后插入圆角矩形，为文本信息制作背景形状，设置适当格式与背景，效果如图11-29所示。

图11-29 插入图片与形状

添加并编辑文本格式，然后制作其余的文本与背景，即可完成本页的制作。最终效果如图11-23所示。

11.4 结束页设计

本页主要以简洁为设计元素，黑色加粗的字体在白色页面中，显得尤为醒目，左上方衬塑小字，打破了黑色字体带来的沉重感，使页面不再单调。效果如图11-30所示。

该页面没有采用图形图像等元素，通过文本框功能，添加文本内容。然后设置文本格式，并设置相应的格式即可完成本页的制作。

具体参数如下：所有文本均设置为"微软雅黑""加粗"；中间中文标题为"31磅"；中间英文标题为"14磅"；橙色字体为"18磅"。

调整文本位置，即可完成结束页的制作。

图11-30 结束页效果

第12章

企业管理规划PPT实例精讲

内容导读：本章我们将制作一个企业管理规划的PPT实例，通过该实例的制作进一步巩固一下如何利用母板创建演示文稿，体验母版的强大功能。

12.1 首页设计

首页的主色调以蓝色为主。利用蓝色色块与小图片一起装点页面，使页面显得更加正式，画面丰富多样化。主要标题使用反白的较大字体，可以突出标题文字，吸引观众的注意力在标题内容上。最后在页面下方使用蓝色文本注明演讲者姓名，以及日期，可以达到平衡页面的效果，如图12-1所示。

首页设计的具体步骤如下：

01 创建母版：创建一个标准4:3空白演示文稿，单击"视图"选项卡中的"幻灯片母版"按钮进入创建幻灯片母版视图，如图12-2所示。

图12-1 首页效果

图12-2 创建4:3幻灯片母版

02 设计母版版式：通过插入图片和形状功能，制作主题版式，具体操作步骤如下：

在标题幻灯片左上角插入一个矩形，填充淡蓝色无边框，设置大小为：8.68cm×6.14cm，放置在页面最左上方（不留白），然后插入一个素材图片，设置同样尺寸，并排放置。之后插入一个蓝色矩形色块以及第二张素材图片。选中这4个背景图样，设置"顶端对齐""横向分布"。效果如图12-3所示。

图12-3 添加背景图片

然后使用同样的方法，添加深蓝色的间隔形状（两个深蓝色的矩形拼接组成），如图12-4所示。

图12-4 添加间隔形状

在左上方蓝色矩形中使用文本框添加"Logo"，并设置字体为"白色""微软雅黑"，适当调整大小。

选中现有文本框，调整文本框位置及大小，设置其中文本格式为"白色""微软雅黑""36磅"，效果如图12-5所示。

图12-5 设置母版格式

03 编辑首页文本内容：关闭幻灯片母版视图，切换到普通视图，在首页版式的基础上添加首页标题文字和附属说明文本信息，效果如图12-6所示。

图12-6 添加文本信息

12.2 目录页设计

为了保持PPT所有页面风格的统一，除了首页之外的幻灯片，仅使用了同样素材元素装饰页眉和页脚。正文需要留有较大的空间，因此将图片及色块的尺寸缩小摆放。并且使用浅灰色色块装饰了页脚。

页面的中间部分被分为左右两个部分，左侧采用了主要色调为灰色与蓝色的一张"@"图片，而右侧目录使用不同颜色的色块，与立体的阴影效果相结合，使页面更加稳重，条理更加清晰，效果如图12-7所示。

图12-7 目录页效果

目录页的设计步骤如下：

01 创建幻灯片版式：进入幻灯片母版视图，单击切换到第一张幻灯片，在页面上方插入图片和矩形色块并调整大小。在最后一个矩形色块中添加"Logo"文本，形成如图12-8所示的效果。

图12-8 在母版中插入图片和矩形色块

利用形状工具，插入深蓝色两个矩形色块，放置在页面适当位置，并设置文本占位符的文本格式，如图12-9所示。

在页脚插入浅灰色色块作为背景，并添加"没有品质，便没有企业的明天"文本，设置字体颜色为深蓝色。效果如图12-10所示。

02 插入形状并编辑格式：关闭母版视图，新建标题幻灯片，删除正文占位符，输入标题文本。然后通过形状工具在页面空白处插入一个圆角矩形，并设置"渐变填充""白色-浅灰色""90°线性"，边框为"1磅 深灰色实线"，设置阴影格式为：黑色、45°、4.2磅。效果如图12-11所示。

图12-9　设置标题格式

图12-10　在页脚处添加文本

图12-11　添加并设计文本背景色块

将制作完成的圆角矩形向下复制4个，纵向分布在页面右侧，并添加目录文本，设置文本字体格式，为"微软雅黑""加粗""18磅"，然后设置对齐对象效果为"左侧对齐""纵向分布"，效果如图12-12所示。

03 插入圆形装饰：通过形状工具插入 个圆形，使用右键打开"设置形状格式"窗格，在其中设置其填充效果为："橙色-褐色""路径"填充；"1.5磅""白色"边框；阴影效果为："浅灰色""50%透明度""角度37°"和"距离5磅"，效果如图12-13所示。

使用同样方法制作其他4个圆形，可以根据个人喜好需要设置为不同的渐变颜色，然后放置在圆角矩形的左侧中间部位。

04 插入图片和引导线：使用图片功能，在页面左侧插入一张素材图片，并调整其大小为7.42cm×7.42cm。然后使用形状功能插入直线，设置线型为虚线，颜色为蓝色。使用多段连接，制作为由图片引导出上述5条目录的效果，将所有引导线的排列均设置为"置于底层"，如图12-7所示。

图12-12 设置目录文本

图12-13 设置圆形格式

12.3 过渡页设计

过渡页在幻灯片设计中起到承上启下的作用，过渡页的设计以简单的图形，巧妙搭配颜色，使页面显得清爽、又不失稳重。使用图片和文字相结合的方式，效果如图12-14所示。

图12-14 过渡页效果

01 插入浅灰色渐变圆角矩形作为背景图片：新建一张幻灯片，并输入标题文本。通过形状功能，在页面上方插入一个圆角矩形，设置填充效果为"45°浅灰色 线性 渐变填充"，线条效果为"3磅 白色"边框，并调整其大小和摆放位置，效果如图12-15所示。

图12-15　插入圆角矩形

02 插入蓝色渐变圆角矩形：使用同样的方式，插入一个圆角正方形，在插入形状的同时按住"Shift"键即可插入正方形。设置填充效果为"90°蓝色 线性 渐变填充"，线条效果为"3磅 白色"边框，放置在制作完成的浅灰色矩形中的适当位置，如图12-16所示。

图12-16　设置形状样式

03 制作高光区：添加一个圆角矩形和一个正圆形，利用两个形状相减，得到一个高光区域的形状。然后通过设置形状格式，制作高光效果，具体参数为填充："45°线性 白色 渐变填充"；无边框。效果如图12-17所示。

图12-17 设置高光参数

04 添加文字，将所创建的图形与文字组合，效果如图12-18所示。

然后通过复制与修改功能，制作其余两组圆角矩形，最后设置"纵向分布"和"左对齐"对齐效果，效果如图12-19所示。

图12-18 创建内容条目

图12-19 创建另两个内容条目

12.4 内容页设计

内容页使用的幻灯片与目录页一致，中间留白，给内容文本留有较大的空间。

第一张内容页采用了流程图的式样，使得要表达的内容更加有条理，并使用了高光的效果，将圆角矩形显得晶莹剔透，具有玻璃质感。为整个页面增添了立体感。效果如图12-20所示。

　　第二张内容页设计为左右两个部分，左侧是一个三维柱形图，强烈的透视效果以及组合的柱形，使页面显得更加新颖，不失创意。而右侧是说明性质的文本。其中，我们利用了字体的不同颜色，显示了文本的重要性，例如红色的标题文本，可以吸引观众的目光。效果如图12-21所示。

图12-20　第一张内容页效果　　　　　　　　图12-21　第二张内容页效果

　　制作内容页的具体步骤如下：

01 制作玻璃质感的图形。

　　首先通过插入形状功能，在本页插入一个圆角矩形，设置其大小为：1.49cm×6.32cm，填充颜色为蓝色，无边框。

　　其次，再插入一个尺寸为0.52cm×6cm的圆角矩形，并设置一个90°线性渐变填充，颜色由20%透明白色渐变至100%透明度白色。这就是玻璃质感所用到的高光区。

　　将高光区置于蓝色圆角矩形上一层，调整两个形状相对应的位置，效果如图12-22所示。

　　02 添加文本信息：在圆角矩形中间添加相应的文本内容，并在页面上方输入页面的标题。然后使用同样的方法制作其他玻璃质感的圆角矩形，并添加对应的文本信息，设置文字的格式。最后使用对齐对象功能，调整文本信息以及圆角矩形的位置，如图12-23所示。

图12-22　创建高光效果的色块　　　　　　　图12-23　添加文本信息

　　03 插入连接线：使用插入形状功能，在层次结构中相应的部位添加1.5磅的深蓝色直线，将圆角矩形相互连接起来，即可完成内容页的制作。注意，将连接线置于底层。

下面我们将为用户讲解一下第二张内容页制作的具体方法。这张内容页的主要设计点在于三维柱形图，操作步骤如下。

01 新建幻灯片并插入立方体：输入页面标题，通过形状功能在页面中插入一个立方体，设置尺寸为：2cm×3.1cm，然后通过"设置形状格式"窗格设置立方体的填充效果及其边框格式，具体操作为填充：0°线性；渐变颜色：深绿色渐变到透明度为30%的浅绿色；无边框线条，如图12-24所示。

图12-24 插入立方体并设置格式

使用相同的方法制作一个紫色的渐变色立方体，放置在绿色立方体的下方，并置于底层，效果如图12-25所示。

图12-25 将紫色立方体置于底层

将上述步骤中制作的两个立方体进行组合并复制成4个组合，分别将组合中的立方体高度和位置进行调整，最后在其中输入数据和文本，其效果如图12-26所示。

图12-26 创建立方体柱形图

02 制作折线式的上升箭头：利用插入形状工具，在页面中插入一个"右箭头"形状并右击，在弹出的快捷菜单中单击"编辑顶点"命令，对右箭头的形状进一步编辑，如图12-27所示。

设置箭头的填充颜色为蓝色，并修改透明度为70%，将箭头移至柱形图中即可，如图12-28所示。注意：将箭头置于顶层。

03 为柱形图制作标签和注释：通过形状功能，插入一个圆角矩形，并填充紫色。在其上方添加柱形图的标题文本，并且将柱形图的每个系列使用数据和文本说明加以注释，效果如图12-29所示。

04 添加内容页文本内容：使用文本框功能，在内容页的右侧空白区域，插入文本内容，并设置文本字体，颜色以及大小。然后在需要间隔的文本之间，插入一条蓝色虚线进行装饰，效果如图12-30所示。

图12.27 插入右箭头

图12-28 编辑右箭头的顶点并设置格式

图12-29 在图表的下方添加文本说明

图12-30 为内容页添加文本内容

12.5 结束页设计

页面风格沿用首页母版，在空白区域插入感谢语。与其他幻灯片不同的是其字体使用了渐变的色彩，通过字体的设计，使页面既简单又不失创意。效果如图12-31所示。

图12-31 结束页效果

01 添加文本并编辑格式：通过文本框功能，添加文本内容，并设置文本格式，具体步骤为文本格式设置为"Arial""加粗"和"文字阴影"；然后右击文本内容，在弹出的快捷菜单中选择"设置形状格式"命令进入"设置形状格式"窗格，切换到文本选项的"文本填充"子选项卡中，设置文本的渐变填充效果，如图12-32所示。

图12-32 设置文本格式

02 添加动画效果：通过动画功能，根据用户各自的喜好，为幻灯片添加不同的动画效果，可以使幻灯片更加生动。

第**13**章

高效会议秘诀PPT实例精讲

内容导读：本章我们将通过制作一个高效会议秘诀的PPT实例，进一步体验美轮美奂的PPT给我们带来的强大视觉效果，以及利用母版的多样化功能给设计幻灯片带来的便捷与高效。

13.1 首页设计

　　首页使用一张大图占用了页面的上方绝大部分区域，显得非常商业化，并使用带有透明度的蓝色矩形遮住部分图片，形成一个过渡区域。首页的标题放置在蓝色透明区域中间位置，为了使标题文本更加突出，文本采用大号字体、白色、加粗、文字阴影等突出标题的效果。倾斜的副标题被放置在蓝色矩形与图片的交界处，使图片与矩形的过渡显得更加自然。在首页的留白区域，右侧使用蓝色字体显示公司的LOGO，中间使用橙色字体显示公司的名称，多种色彩丰富了页面效果。效果如图13-1所示。

　　首页设计的具体步骤如下：

01 进入母版：创建一个宽屏16:9空白演示文稿，单击"视图"选项卡中的"幻灯片母版"按钮进入创建幻灯片母版视图，如图13-2所示。

图13-1 首页效果

图13-2 创建16:9幻灯片母版

02 设计母版版式：删除母版版式下所有的文本框。在封面页中，通过插入图片功能，插入一个素材图片，设置图片尺寸为15.39cm×33.87cm，将其放置在页面上方（不留白）。效果如图13-3所示。

图13-3 添加背景图片

使用插入形状工具，插入一个矩形，设置填充颜色为"蓝色"、透明度为"30%"，并调整其大小，调整矩形位置使其下边缘与图片下边缘齐平，效果如图13-4所示。

图13-4　设置透明度

接下来，在蓝色矩形下方中间部分插入一条灰色虚线，如图13-5所示。

03 编辑首页文本内容：使用插入文本框功能在蓝色矩形中间插入主要标题文本，设置文本格式，具体参数如下：

图13-5　添加虚线

字体："微软雅黑"；大小："66磅"；颜色："白色"；添加文字阴影效果。在"设置形状格式"窗格中添加映像效果，参数如图13-6所示。

图13-6　为文本设置格式

使用同样的方法为首页添加"LOGO""公司名称""副标题"等文本内容，并设置格式，由于设置方法类似，这里就不加以详细说明了，用户朋友可以自行尝试，关于"LOGO"文本的映像参数设置，如图13-7所示。

图13-7 设置"LOGO"映像效果参数

04 使用小图形装饰主标题：使用插入形状功能，在页面中插入一个"三十二角星"，设置填充颜色及大小，并调整摆放位置，效果如图13-8所示。

图13-8 插入"三十二角星"形状

使用文本框工具，在橙色"三十二角星"的中间添加文本，内容为"V1"，然后旋转文本框，效果如图13-9所示。

图13-9 在三十二角星中添加旋转的文本

13.2 目录页设计

　　淡蓝色是整个PPT的主打色彩，因此目录页仍保持淡蓝色为主体的风格。淡蓝色的色带装饰页面的页眉部分，页脚则使用一个蓝色的"斜纹"形状点缀页面、平衡视角。中间三种带有标签的图片，简洁明了地显示整个PPT的目录文本。图片使用蓝色的边框以及阴影效果相结合，使页面更加稳重，条理更加清晰，效果如图13-10所示。

　　目录页设计的具体步骤如下：

01 制作目录页母版：切换到幻灯片母版视图，单击第二子版式页面，使用形状工具在页眉部分插入一个淡蓝色矩形，设置30%的透明度。效果如图13-11所示。

图13-10 目录页效果

图13-11 创建幻灯片母版

　　使用文本框功能在淡蓝色色块中添加公司"LOGO""目录页"和"第（#）页"，并设置文本字体及大小，然后在"LOGO"和"目录页"之间插入白色直线，效果如图13-12所示。

图13-12 添加文本信息

02 设计页脚：通过形状工具插入一个"斜纹"形状，如图13-13所示。将斜纹进行旋转，并设置"形状样式"为"中等效果，蓝色，强调颜色1"，如图13-14所示。

图13-13 插入斜纹

图13-14 设置形状样式

使用文本框工具在页脚处添加"目录页"字样，设置文本格式并旋转，效果如图13-15所示。

03 制作目录：关闭母版视图，切换到普通视图模式，单击"新建幻灯片"按钮，选择目录页母版。使用插入图片功能，在页面空白处插入目标图片，并设置图片大小为9.35cm×7cm、蓝色边框、阴影设置为"右下斜偏移"，如图13-16所示。

图13-15　添加"目录页"文本

图13-16　插入图片

使用形状工具在图片下方插入一个"五边形"，通过右击快捷菜单中的"编辑顶点"选项，将"五边形"的右侧顶点加以修饰，如图13-17所示。

接下来，为形状添加一个蓝色90°的渐变填充以及阴影效果，效果如图13-18所示。

图13-17　设置五边形的顶点

图13-18 设置形状格式

然后添加文本框，输入第一个目录内容。再使用同样的方法制作另外两条目录，效果如图13-10所示。

13.3 过渡页设计

过渡页的设计以简单为主，不仅可以让观众得到短暂的休息，而且可以引导观众将思维跳转到下一个部分。将首页中所用的图片进行裁切放置在页面中间部位。页眉使用淡蓝色色块，页脚使用一个"斜纹"形状呼应目录页的格局，保持了风格的统一。使用图片和文字相结合的方式，可以在视觉上得到放松，又起着引导下文的重要作用。效果如图13-19所示。

图13-19 过渡页效果

过渡页的设计步骤如下：

01 制作过渡页母版：切换到幻灯片母版视图，单击第三个子版式页面，按照制作目录页母版的方法为过渡页设计页眉和页脚，效果如图13-20所示。

图13-20　设计页眉和页脚

02 插入图片：使用插入图片功能，在页面中间插入目标图片，并使用裁切工具适当裁切图片，效果如图13-21所示。

图13-21　插入图片并裁切

03 新建过渡页母版：关闭母版视图，切换到普通视图，新建幻灯片选择过渡页母版，如图13-22所示。

04 添加文本信息：在图片左下角添加"第一章"，设置字体格式为"微软雅黑""18磅""白色"。在留白区域添加"会议概述"，设置字体格式"微软雅黑""40磅""加粗""蓝色"。效果如图13-19所示。

图13-22　选择过渡页母版

13.4 内容页设计

　　内容页使用两个垂直交叉的淡蓝色色块，在页面的右下方建立一个较大的空白区域，给内容文本留有较大的空间。其中纵向的色块加宽显示，用以提供足够大的空间将标题等内容以不同大小的字体、反白的颜色显示，给人一种干净纯洁的感觉。

　　本页主要内容以红色为主，在蓝色背景的衬托下，显得十分突出。较大的字体和鲜艳的色彩，丰富了整个页面，使内容醒目的同时，又不缺乏动感。右下角的蓝色时钟，在形态上起到点题的作用，又在色彩上起到均衡的效果，一举两得，如图13-23所示。

图13-23　第一张内容页效果

　　第二张内容页的设计，在显示章节名称部分的蓝色交叉色块是与其他内容页一致的。主要内容部分，对文本较多的区域使用一个玫红色的圆形为背景，以此打破原有页面的死板，使页面显得更加活泼。然后将文本以白色字体显示，便于观众们的浏览。在其右侧，以大号红色的字体显示标题文本，可以很轻松地吸引观众的目光。最后在右下角放置一张带有红色巨大问号的图片，关联主题，平衡画面，使页面内容更加丰富。效果如图13-24所示。

图13-24　第二张内容页效果

　　内容页的设计步骤如下：

01 创建内容页母版：进入幻灯片母版，将首页、目录页和过渡页的子版式页面均设置为"隐藏背景图形"，如图13-25所示。

图13-25 选中"隐藏背景图形"复选框

在导航窗口最上面的页面中，使用形状工具在页面左侧插入一个矩形，并通过"设置形状格式"窗格设置矩形大小为：19.05cm × 5.8cm；填充颜色为"蓝色"；透明度为"30%"，如图13-26所示。

图13-26 设置形状格式

使用同样的方法制作水平淡蓝色色块，并添加文本信息，效果如图13-27所示。

切换到第4个子版式页面，删除其中的占位符，在垂直的淡蓝色色块中间添加一条白色垂直的直线，然后使用文本框工具，将第1章节的标题以反白的颜色显示出来，并设置字体的格式，效果如图13-28所示。

图13-27 插入水平色块

图13-28 添加文本域直线装饰

使用在矩形中编辑文本的工具，添加如图13-29所示的一个带有文本的矩形，设置填充色为"白色"；透明度为"35%"。

然后根据上述步骤在下面的子版式中分别添加所有需要用的章节标题及装饰，如图13-30和图13-31所示。由于篇幅所限，这里仅为大家显示这两张母版样式，其余均与之类似，用户可以自行尝试制作。

图13-29 添加带文本的矩形

图13-30 制作第二张正文幻灯片母版

图13-31 制作第三张正文幻灯片母版

02 选择需要的版式新建幻灯片：关闭幻灯片母版视图，返回普通视图。单击"新建幻灯片"按钮，选择需要的幻灯片版式，如图13-32所示。

图13-32 选择需要的版式

03 插入SmartArt图形：通过SmartArt图形功能，插入一个公式图形，如图13-33所示。

图13-33　选择"公式"图形

删除其余两个圆形和符号，只留一个圆形，设置该圆形的填充颜色为"深红到红色 270°线性渐变"，如图13-34所示。

图13-34　渐变填充

在圆形中输入"时间成本"，如图13-35所示。

04 添加文本信息：在页面中适当位置添加文本，并设置文本的字体格式，效果如图13-36所示。

图13-35　输入文本

图13-36　设置文本格式

05 插入装饰图片：使用图片工具，在页面右下角插入一张素材图片，并适当调整图片的大小及其位置，如图13-37所示。

图13-37 插入装饰图片

第二张内容页的制作步骤如下：

01 选择需要的版式新建幻灯片。

单击"新建幻灯片"按钮，选择需要的幻灯片版式，然后在页面空白区插入一个正圆形，并设置其大小为14.18cm×14.18cm；填充颜色为"橙色"；透明度为"60%"，如图13-38所示。

图13-38 插入透明度为60%的正圆

使用同样的方法再制作一个同心正圆，尺寸为"12.55cm×12.55cm"，填充颜色为"玫红色"。如图13-39所示。

02 添加文本信息。

使用文本框工具，在正圆的内部添加文本内容，设置字体为"微软雅黑"；大小为"20磅"；颜色"白色"。

使用同样的方法添加该页内容的标题文本，并设置字体为"微软雅黑"；大小为"48磅"；颜色"红色"并且加粗显示。效果如图13-40所示。

图13-39 插入同心正圆

图13-40 添加文本框

03 插入图片：通过图片功能，在页面右下角插入一张素材图片。由于插入的图片是白色背景，需要使用"格式"选项卡的"调整"组中的"删除背景"功能将图片背景删除，如图13-41所示。最后调整图片在页面中的位置即可。

图13-41　单击"删除背景"按钮

13.5　结束页设计

结束页的色调当然也继续沿用淡蓝色，大面积的淡蓝色色块填充了页面的上半部分，显得整洁而利落。页面下方使用了深灰色条状色块稳住了页面的重心，大号的文本使用了反白的效果，并同时运用了映像功能，使页面显得更加专业。在空白区域添加制作人的姓名以及联系方式，并使用了不同的图标，丰富了页面。效果如图13-42所示。

结束页设计的步骤如下：

图13-42　结束页效果

01 插入矩形色块：切换到幻灯片母版视图，在子版式最下方新建一页版式，并设置"隐藏背景图形"。在页面中通过形状功能插入一个矩形，并设置矩形填充色为"淡蓝色"，适当调节摆放位置。使用同样的方法在页脚处插入一个灰色矩形，并调节位置，效果如图13-43所示。

图13-43　插入矩形

02 添加文本：使用文本框工具，在淡蓝色背景中添加"Thank You"，并设置字体为"Broadway"；大小为"72磅"，然后设置此文本的映像效果，如图13-44所示。

接下来，在页面空白处，添加作者的姓名和联系方式。

图13-44 添加文本

03 利用母版新建幻灯片：关闭幻灯片母版视图，切换到普通视图，根据结束页母版新建一张幻灯片，如图13-45所示。

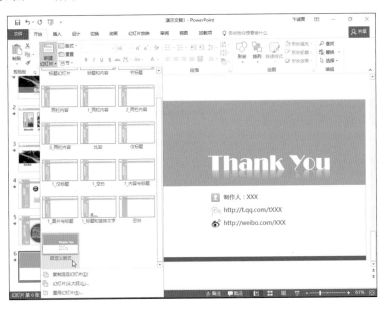

图13-45 新建结束页幻灯片

最后用户可以根据自己的喜好，为幻灯片添加动画效果，会使PPT效果更加生动有趣。